JN076581

重力を利用した蓄電装置

武笠　敏夫　著

重力再生エネルギー研究所

社会評論社

まえがき

　電気を発生させる方法はいろいろあります。その内で風力発電や太陽光発電など、再生可能エネルギーを利用することは地球に負荷をかけないよい方法と思われます。しかしこれらのエネルギーについては、天候に左右されて恒常的利用の上で欠点があります。もし、これらの方法で生成された電力を大量に蓄積しておく装置があれば、この不安定さは解消されます。もちろん、この蓄電装置も環境に配慮したものでなければなりません。

　揚水発電は、重力を利用した蓄電装置の一つと考えられます。すなわち、余剰電力によってダムに水を汲み上げておき、必要に応じて水力発電としてその電力を再び利用するものです。これと同じ原理で、水の代わりに重りを用いればダムのいらない**重力蓄電装置**がつくれます。当研究所が目指しているのは、この蓄電装置の基礎研究およびその技術開発です。重力を利用する技術は未開拓の分野なのです。なぜ今この重力蓄電の研究開発が必要なのかというと、二つの理由があります。一つは地球環境を守るという立場であり、もう一つは新しい発想によるエネルギー蓄積装置の開発です。将来のエネルギー事情を考えたとき、これは緊急を要する課題だと思われます。

　人間活動には発熱が伴います。本来、これらの熱は太陽からの輻射熱と共に宇宙空間に放熱されたり、植物に吸収されたりしてそのエネルギーバランスを保ってきました。しかしこの機構が働かなくなると、余った熱は海水温度を上げ、結果として地球全体の温暖化と異常気象を引き起こす原因となります。地

球環境を守るために、これからのエネルギー源として化石燃料に頼らず、再生可能エネルギーを積極的にとり入れることを考えるならば、それなりの準備が必要となります。

電気を溜める方法は、電気を生成する方法ほど多くは知られていません。ほとんど唯一実用化されているのは、蓄電池（バッテリー）のみと思われます。エネルギーを電気の形で溜めるのは難しいことなのです。この蓄電池は**化学反応ポテンシャル**の形でエネルギーを蓄えるもので、小型で利便性に優れたものです。しかし、何度か使用しているうちに老廃物が溜まり、使用に限度があります。環境の上からも、蓄電池以外の蓄電手段がいろいろ考えられて然るべきです。

重力を用いた蓄電方法は、**力学ポテンシャル（位置エネルギー）**の形で電気を蓄えるもので、何度も繰り返して使用できます。原理的には消耗するものは何もありません。人間が絶対に必要なものは、原理の異なる複数種類の手段を用意しておくのがよいのです。将来のためには、効率やコストをいま問題にする必要はありません。これについては、何れ技術の進歩が解決してくれると期待しています。

本書は重力蓄電の理屈と仕組みを解説したものです。内容別に３つの部分に分けて、目的ごとにまとめました。第Ⅰ部で理論と仕組みを述べ、第Ⅱ部は実践上の注意を集めました。第Ⅲ部では構想と展望について述べました。全般として、少々の力学と電気の知識と、初等的な微分積分学を知っていれば十分に理解できると思います。

各部分の内容は、第Ⅰ部で一般的な力学の基礎を述べました。

とくに、重力の為す仕事については、本書の重要なテーマであり、詳しく説明しました。**エネルギー保存則**より、重力からは継続的にエネルギーを取り出すことは不可能であることを理解してほしいと思います。どんな機械も理屈なしで動いてはいません。本書の大きな目的の一つは理論の大切さを伝えることと、重力蓄電の理論的根拠を明らかにすることです。したがって、この部分にかなりの分量を当てました。将来のために、重力蓄電の基礎理論をまとめておく必要があると考えたからです。

　重力蓄電の仕組みは至って単純です。外部からの電力によって重りを上部に持ち上げておき、電力が必要になったときその重りを落下させて発電機を回し、発生した電力を再び利用するものです。したがって、この蓄電装置の充電部分は外部電源によって重りをある高さにまで持ち上げるところです。これはクレーンで重量物を持ち上げることと同じで、その力学的機構についてはよく知られています。一方、放電の方は重力によって発電するところで、これがこの蓄電装置の効率に大きな影響を与える重要な部分と思われます。しかも、この重力による発電の力学的かつ技術的メカニズムについてはまだよく分かっていません。我々が明らかにしたいのは、実はこの部分なのです。

　実験の伴なわない理論は説得力がありません。また、理屈のない実験も意味がありません。理論と実験は表裏一体となって進歩していくものと思っています。もし実験が、理論で予想されたものとかけ離れた結果となるならば、それは実験の仕方が適切でないか、あるいは理論そのものが正しくないかのどちらかです。結果によっては、理論が修正されることもあり得ます。これは新しい発見につながります。第Ⅱ部で、実際にこれらの

実験を試みる上で必要な実験の仕方や、そのときに注意する点などをまとめました。手回し発電機を用意して重力発電装置の模型をつくり、実際に発電実験をやってみると面白いと思います。用いる発電機は永久磁石内蔵の直流発電機がよいと思います。

　我々の重力蓄電装置はそれぞれが大変コンパクトに設計されます。重りに鉛を使用して、縦方向に高いタワーの中に装置を収納します。すると、これに必要な床面積は2m四方もあれば十分となります。これを1ユニットとして束にし、大きな建物に格納すれば一つの建物で数千ユニットを配置できると考えられます。各ユニット1個づつの発電量は小さくても、結線の仕方によって総出力を大きくしたり、運転時間を延ばすこともできます。この考え方は、ダムを必要とする揚水発電と同じことを平地で実現するというもので、地形上の落差を利用しないので山地のない国々でも建設が可能となります。広い土地さえ用意できれば、ユニットを詰めた建物をいくつかまとめてプラント化すれば、ダム1個分の電力を溜めることもできます。それらの建物を半地下にすることも考えられます。このプラントは電力の消費地に近い所に建設する方が送電によるロスが少なくて済むと思います。

　以上のような未来のエネルギー供給システムの風景を想像しています。近い将来、再生可能エネルギーが盛んになり、少しでも地球環境が改善されていくことを願っています。そのためにも、この重力蓄電装置の基礎研究を今からしておく必要があります。現代の人間生活では、エネルギーは不可欠となっています。そのエネルギーをどこに求めるかが問題なのです。人類

の地球上での生存可能性を考えるならば、エネルギーを地下資源に頼るのではなくて、太陽からのエネルギーに方向転換する時代に来ていると思うのですが、如何でしょうか。

　本書を出版するにあたり、快くそれを引き受けて下さった「社会評論社」社長の松田健二氏、およびその編集の仕事で多大なお世話を戴いた本間一弥氏に感謝を致します。また、日頃から本研究に協力をして下さっている友人山田武氏に謝辞を表したく思います。

　本書は、「重力再生エネルギー研究所」のホームページ：
　　　　　https://www.jsek.jp
に載せた記事を元にして書き起こしたものです。こちらの方もぜひご覧下さい。

2020 年 9 月

重力を利用した蓄電装置　＊目次

第 III 部

第Ⅰ部

1. 力学からの準備

　力学の基礎知識として、力と仕事およびエネルギーについて解説します。重力と運動の法則は重要です。これらはニュートン力学として知られています。実用上は、MKS単位系を使用することに注意します。

1.1 重力

　地球上で、重さとして感じられる物体特有の量を質量といいます。質量 M のまわりには、M に比例した重力が発生します。この近くに質量 m の別の物体をもってくると、両者の間にはつぎの式で表される力 F が働きます。

(1.1)
$$F = G\frac{Mm}{r^2}$$

これを**万有引力の法則**といいます。ここで、r は二つの物体の間の距離で、G は定数を表します。地球上では M が地球の質量で、r は地球の半径と考えてよいから、(1.1) 式は質量 m の物体に働く重力すなわち重さを表します。質量がその物体の重心に集中していると考えたとき、その物体は質点と呼ばれます。

　宇宙空間でも、物体としての星々はお互いに (1.1) 式できまる力で引き合い、天体の運動によってそのバランスを保ちます。もし、二つの星がそのバランスが崩れて衝突が起こると、莫大なエネルギーが発生します。これは星の質量が大きいため、それから生まれる重力も膨大なものになるからです。宇宙を支配しているこの重力を、地球上で積極的に利用しようという話をほとんど聞いたことがありません。

　地球上で、質量 m の物体に働く重力 F を重さというならば、(1.1) 式は重さと質量は比例することを示しています。そこで、質量の単位を (kg) で表し、その質量に働く重力を **キログラム重 (kg・wt)** と呼ぶことにします。これが重さの単位として使われ、重は省略されて、この物体の重さは a **キログラム** などと云っています。質量と重さを同じ単位でかくことは混乱のもととなりますが、これは地球上に限ったことです。

1.2　質点の運動

　質点に力が働くと加速度が生じます。すなわち、質量 m の質点に力 F が作用すると、その加速度を a として

$$(1.2) \qquad F = ma$$

が成り立ちます。これを、**ニュートンの運動の法則** と呼んでいます。地上で、質量 m の物体が受ける重力を F としたとき、その物体の加速度 a を重力加速度といって g で表します。すべての物体には質量に比例した重力が等しく作用するので、この g はその比例定数であって $g = 9.8$ (m/s^2) となります。

　式 (1.2) から、質量が m の物体が力 F を受けて運動するときの様子を調べられます。すなわち、その物体の速度を v とすれば、$a = dv/dt$ より (1.2) 式は

$$(1.3) \qquad F = m\frac{dv}{dt}$$

とかけます。これを時間 t で積分すれば、速度 v が分かります。物体の運動をきめる (1.3) 式は **運動方程式** と呼ばれます。

　力の単位は (1.2) 式において、$m = 1$ (kg), $a = 1$ (m/s^2) の

ときの力 F を1ニュートン (N) と呼びます。すなわち、1 (N) = 1 (kg·m/s²) となります。したがって、質量が 1 (kg) の物体には、(1.2) 式より、1 × 9.8 (kg·m/s²) = 9.8 (N) の重力が働きます。

1.3 仕事とエネルギー

　質点に力 F が働いているとき、その質点が力の方向に Δs の変位をしたとする。このとき力 F は $\Delta W = F \Delta s$ だけの仕事をしたといい, これが Δt 時間内に行われたとすると $\Delta W / \Delta t = F \Delta s / \Delta t$ をこのときの仕事率といっています。すなわち F の仕事率 P は

(1.4) $$P = \frac{dW}{dt} = Fv$$

ということになります。$v = ds/dt$ は質点の F 方向における速度を意味します。

　仕事の単位は、力が 1 (N) で変位を 1 (m) としたときの仕事を 1 (J) = 1 (Nm) とかいて、これを **ジュール** (J) といいます。仕事率は $P = 1\,(\text{J/s}) = 1\,(\text{W})$ となり、これを **ワット** (W) と呼びます。

　質点に働く力が質点の位置だけで定まるとき、この質点は **保存力場** にあるといいます。この場合、質点が始点Aからある軌道に沿って終点Bまで移動したとき、その力のする仕事は途中の経路によりません。とくに、質点が点Aから出発して再び点Aに戻るならば、その途中で力がした仕事は 0 となります。

　重力は典型的な保存力場をつくります。重力のする仕事は高さの差だけできまるからです。鉛直上向きに x 軸をとり、$x = 0$

を地上平面とするとき、$U = mgx$ とおくと重力は

$$(1.5) \qquad F = -\frac{dU}{dx}$$

から導かれます。実際、(1.5) 式は $F = -mg$ （－符号は鉛直下方を表す）となり、これは重力の式 (1.2) と一致します。

　一般に、力 F の方向に x 軸をとって、(1.5) 式が成り立つような関数 U がつくれるとき U を**ポテンシャル**といいます。保存力場ではつねにポテンシャル U があります。とくに、重力の場合には $U = mgx$ を**重力ポテンシャル**あるいは**位置エネルギー**と呼ばれています。

　質量 m の質点が力 F の作用を受けて速度 v で運動しているとき、(1.3) 式と (1.4) 式より、その仕事率は

$$(1.6) \qquad \frac{dW}{dt} = Fv = mv\frac{dv}{dt} = \frac{d}{dt}\left(\frac{1}{2}mv^2\right)$$

となります。そこで、時刻 t_1, t_2 における速度をそれぞれ v_1, v_2 として、(1.6) 式を t_1 から t_2 まで積分すれば、

$$(1.7) \qquad W = \frac{1}{2}mv_2^2 - \frac{1}{2}mv_1^2$$

が得られます。この右辺の $(1/2)mv^2$ という量を**運動エネルギー**といいます。すると、(1.7) 式は力のした仕事だけ運動エネルギーが増加することを意味します。

　一方、(1.4) 式に (1.5) を代入すると、$v = dx/dt$ を用いて

$$(1.8) \qquad \frac{dW}{dt} = -\frac{dU}{dx}\frac{dx}{dt} = -\frac{dU}{dt}$$

となります。これを t_1 から t_2 $(t_1 < t_2)$ まで積分すると、次式

が得られます。

$$(1.9) \qquad W = -\int_{t_1}^{t_2} \frac{dU}{dt}\,dt = U(t_1) - U(t_2)$$

ここで、式 (1.7) と 式 (1.8) を等値すれば、$(1/2)mv_1^2 + U(t_1) = (1/2)mv_2^2 + U(t_2)$ が成り立つことが分かります。これは、質点が運動するとき運動エネルギーとポテンシャルの和は一定に保たれることを意味します。すなわち、運動エネルギーを $T = (1/2)mv^2$ とかいたとき、質点の運動では

$$(1.10) \qquad E = T + U$$

は保存されることになります。これを **エネルギー保存則** といいます。このとき、U は **ポテンシャル・エネルギー** と呼びます。

　エネルギーの単位はすべて仕事の単位と同じで、ジュール (J) = (Nm) を用います。重力エネルギーの場合は　$1\,(\mathrm{kg\,重\cdot m}) = 9.8\,(\mathrm{J})$ がよく使われます。

1.4　電気エネルギー

　電気抵抗の中を電流が流れると、電流は発熱という形でそのエネルギーを周囲に放出します。いま、抵抗 $R\,(\Omega)$ の導線を $I\,(\mathrm{A})$ の電流が $t\,(\mathrm{s})$ 間流れたとき、発生する熱量 Q は

$$(1.11) \qquad Q = RI^2 t$$

となります。これを **ジュールの法則** といいます。ただし、Q の単位は **ジュール** (J) で計ります。

　ところで、**熱と仕事は同等の量**であって、それぞれ異なる形

6

態のエネルギーであると考えられます。熱量の単位は普通**カロ
リー** (cal) を使うので、(1.11) 式は $1\,(\text{J}) = \dfrac{1}{J}\,(\text{cal}) = 0.24\,(\text{cal})$
で変換する必要があります。この分母の J は**熱の仕事当量**と
いわれ、約 $J = 4.185\,(\text{J/cal})$ となります。

　熱エネルギーと力学エネルギーが相互に変換し合うというこ
とは重要な意味をもちます。それをつなぐものが (1.11) 式なの
です。すなわち、電流のする仕事率は (1.11) より $Q/t = RI^2$
とかけます。これが**電力 P** に相当するものです。**オームの法
則**に従えば、電位差を $V = RI$ として、電力 P は

$$(1.12) \qquad P = RI^2 = VI = \frac{V^2}{R}$$

となります。電力の単位は**ワット** (W) できめます。電力そのも
のはエネルギーを表してはいません。電力と時間の積を**電力
量**といって、これが電気エネルギーあるいは仕事に相当する量
になります。電力量の単位はジュール (J) ですが、(W) = (J/s)
が表しているように、(J) = (Ws) あるいは普通**キロワット時**
(kWh) が使われます。

　発電機や電動機は、磁場を介して、力学エネルギーを電気エ
ネルギーにまたその逆のエネルギー変換をさせるための装置で
す。運転の途中で、熱や振動となってそのエネルギーの一部が
失われていきます。各エネルギーを仕事に換算したとき、入力
量に対する出力量は**変換効率**をきめます。変換の際のエネル
ギー・ロスは小さい方がよいのです。

2. 重力蓄電装置の原理と仕組み

　この蓄電装置は重力ポテンシャルを利用して電気を溜める装置です。その原理と仕組みを、力学の言葉で説明します。蓄電装置は充電部分と放電部分があって、それぞれがエネルギーの変換装置になっています。

2.1 重力ポテンシャルの利用

　重力はエネルギーをポテンシャルの形で蓄えます。地上から高さ h の位置にある重さ m の重りは $U = mgh$ のポテンシャル・エネルギーを持ちます。この重りには下方に $F = mg$ の重力が働くので、この重りが高さ h から落下すると、蓄えられたポテンシャル・エネルギーは解放されて、同じ $U = mgh$ の仕事をすることになります。この仕事を回転エネルギーとして取り出して発電機を回せば、電気エネルギーに変えることができます。これが水力発電の原理です。ただし、水力発電では重りの代わりに水を使用しています。

　揚水発電は、正しく重力を利用した蓄電装置の一種です。余剰電力によって水をポンプで上部のダムまで汲み上げておき、電力が必要になったとき放水して水力発電として再び電力に変えて利用します。この場合、ダムと共に地形的な落差が必要となります。

　この揚水発電と同じ原理で、ダムを使わずに平地で出来る蓄電装置を考えてみます。重力を利用する最も単純な方法は、塔を建てて上から重りを吊り下げるのがよいと思います。電動機兼用の発電機を上部に設置し、外部電源によって重りを電動機で持ち上げてポテンシャル・エネルギーとして蓄えておきます。

これは充電に当たります。電力が必要になったとき、重りを落下させて発電機を回せば、これは放電に対応します。

　タワー (塔) をコンパクトに設計して、この蓄電装置一基を 1 ユニットとして大きな建物の中に束にして収納します。このプラント化したものは広い土地が必要となるでしょうが、ダム程度の土地があれば十分建設可能です。少なくとも理論的には、これでダムで得られるのに近い蓄電能力を持つはずです。

2.2　蓄電装置の仕組み

　蓄電装置のタワー (ユニット) の構造を具体的に説明します。基本的には、高い櫓を組んで上部に電動機をしつらえて、ワイヤーで重りを持ち上げる構造にしておけばよいのです。電動機は軸に回転を与えることにより発電機にもなり得ますので、両者兼用としてよいと思います。この装置が効率よくエネルギー変換をさせるために、他にいろいろな付属する機材が必要となります。

　重りの落下運動を回転力に変えるためにはプーリーが必要です。また、重りの降下速度に対して発電機に与える回転速度は、十分大きいものでなければなりません。そこで、回転軸の中央に増速機を装備します。ベルトを用いて回転数を調整してもよいのですが、ギアでコンパクトにまとめるならば遊星ギアがよいと思います。電動機で重りを持ち上げる際にも、全く同様の考慮が必要です。回転数が大きければかなり重いものでも持ち上げられますが、これはプーリーの径にも関係してくるので後に詳しく検討します。上部に置かれた重りを安全に落下させるには、引き金装置が必要となります。これは、事故を防止するためにも重要な部分です。

図1(a), (b)にこの蓄電装置の概念図を示しておきます。図
1(b)は装置上部を側面から見た配置図です。

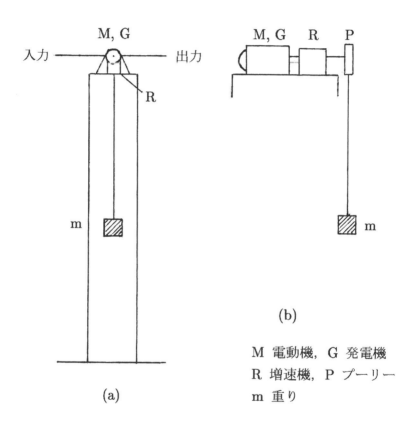

(b)

M 電動機, G 発電機
R 増速機, P プーリー
m 重り

(a)

図1. 重力蓄電装置の概念図

2.3　落下運動

　質量が m の物体を地上 l の高さから離すと、物体は加速度 g を受けて落下し、そのうち地面に激突します。これは、地球が物体を $F = mg$ の力で下方に引っ張っているからです。これを重力による **自由落下** といいます。いま、重さ m の重りに下方に重力 mg が働き、運動と逆方向に速度 v に比例する抵抗力 $f = Kv$ が働く運動を考えます。これを高さ l の位置から落下させたとき、重りには合わせて $F = mg - Kv$ の力が下方に働くことになります。すると運動方程式 (1.3) より、つぎの式が成り立ちます。

$$(2.1) \qquad m\frac{dv}{dt} = mg - Kv$$

これは速度 v についての微分方程式であって、$t = 0$ のとき $v = 0$ とすれば、解は

$$(2.2) \qquad v = \frac{mg}{K}\left(1 - e^{-\frac{K}{m}t}\right), \quad t > 0$$

となります。これより、十分に時間が経った後には、(2,2) 式で $t \to \infty$ として $v \to mg/K$ が得られます。すなわち、重りは最終的に **等速度運動** となります。この様子を図2に示しました。比較のために、自由落下の場合の速度 $v = gt$ のグラフも描きました。

　定数 K は抵抗力 f の比例定数ですが、これは重要な意味を持ちます。重りの上方に発電機が繋がれている場合、重りが発電機から受ける抵抗力 f は落下速度 v に比例すると考えられます。f は発電機の回転数に比例し、その回転数は重りの速度 v に比例するからです。重りが安定な速度 $v = mg/K$ に至っ

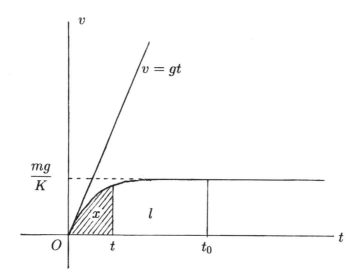

図2．速度 v の時間 t に対する推移

たとき、重りには上方に $f = Kv = mg$, 下方に $F = mg$ で力が均衡して 0 になっていることに注意します。この定数 K を発電機の**負荷定数**と呼ぶことにします。

　重りを高さ l のところから落下させるとき、初期位置から下方に x 軸をとります。すると、時刻 t における重りの位置 x は $v = dx/dt$ より (2.2) 式から求められます。その結果はつぎのようになります。

$$(2.3) \qquad x = \int_0^t v\,dt = \frac{mg}{K}\left(t - \frac{m}{K}\left(1 - e^{-\frac{K}{m}t}\right)\right)$$

これは、図 2 における v のグラフの下方で直線 t より左側の部分 (影を付けた部分) の面積を表します。これより、**落下時間** (地上に至るまでの時間) は (2.3) 式で $x = l$ とした時刻 t_0 としてきまります。すなわち、t_0 は

$$(2.4) \qquad t_0 = \frac{m}{K}\left(1 - e^{-\frac{K}{m}t_0}\right) + \frac{Kl}{mg}$$

を満たします。この t_0 を一つの式として表すのは難しいのですが、図より K が大きくなるときは t_0 も大きくなります。すなわち、$t_0 = t_0(K)$ は K の関数として増加関数となります。同様に、**最終速度** ($t = t_0$ における速度) $v_0 = v_0(K)$ は K の減少関数となります。

　負荷定数 K は発電機の容量や増速機のギア比にもよりますが、とくに外部抵抗の値に依存します。それは、外部回路に流れる電流が大きい程、発電機にも大きな負荷がかかり回転数が下がります。このとき、K の値は大きくなっています。外部から K の値を測定するのは無理ですが、t_0 を測定することによ

り (2.4) 式から K をきめることは可能です。これらについて
は、後に再び考察します。

　重りの落下運動がほとんど速度 $v = mg/K$ の等速度運動と
なるという事実は、この重力蓄電の理論の基礎となっています。
この速度をきめるのが負荷定数 K なのです。

写真１.実験棟外観

写真２.実験棟内部

3．出力評価

入力部分は外部からの電力によって重りを上部に吊り上げるだけなので、これについては起重機の特性としてよく知られています。出力は重りの落下による発電になるので、この重力蓄電装置の重要な部分となります。

3.1 エネルギー変換

出力のための発電部分について、そのエネルギー変換を詳しく調べてみます。初めに重りに与えられたエネルギー $E = mgl$ は、エネルギー保存則により、t 時刻後にはつぎのように各エネルギーに分配されます。

$$(3.1) \qquad E = T + U + W$$

ここで、T は t 時刻における重りの運動エネルギーで、U はそのときのポテンシャル・エネルギー、W は発電機が t 時刻までにした仕事です。

これらはつぎのように計算されます。運動エネルギー T は、(2.2) 式より、

$$(3.2) \qquad T = \frac{1}{2}mv^2 = \frac{m^3 g^2}{2K^2}\left(1 - e^{-\frac{K}{m}t}\right)^2$$

となります。この関数 $T = T(t)$ は t に関して単調増加で、大きな t 一定値 $m^3 g^2/(2K^2)$ に近づきます。この様子を図3に示しました。また、(2.3) 式によって、v は

$$(3.3) \qquad U = mg(l - x) = mgl - \frac{m^2 g^2}{K}t + \frac{m^3 g^2}{K^2}\left(1 - e^{-\frac{K}{m}t}\right)$$

とかけます。この $U = U(t)$ は単調減少で、t が増加すると直線 $U = mgl + m^3g^2/k^2 - (m^2g^2/K)t$ に近づき、$t = t_0$ で $U = 0$ となります。

　一方、重りが x の位置にくるまでに抵抗力 $f = Kv$、したがって発電機のした仕事 W は、仕事の定義と $v = dx/dt$ より、

$$W = \int_0^x f\, dx = K \int_0^x v\, dx = K \int_0^t v^2\, dt$$

とかけます。式 (2.2) を用いて、これを求めると

$$(3.4) \quad W = \frac{m^2g^2}{K}t - \frac{m^3g^2}{K^2}\Big(1 - e^{-\frac{K}{m}t}\Big) - \frac{m^3g^2}{2K^2}\Big(1 - e^{-\frac{K}{m}t}\Big)^2$$

が得られます。もちろん、式 (3.1) から $W = mgl - T - U$ として、これに式 (3.2) と 式 (3.3) を代入しても同じ結果となります。この曲線は大きな t に対して、ほとんど直線

$$W = \frac{m^2g^2}{K}t - \frac{3m^3g^2}{2K^2}$$

に近づきます。$W = W(t)$ のグラフを、図 4 (a) に示しました。

　各エネルギー T, U, W のグラフを縦方向に重ねると、式 (3.1) より $E = mgl$ (一定) となります。この様子を描いたものが図 4 (b) です。これは、始めのエネルギー mgl が t 時刻後にそれぞれのエネルギー T, U, W に分配されていく様子を表しています。上部の影を付けた部分が、発電機のした仕事 W となります。落下時間 t_0 において、運動エネルギー $T = (1/2)mv_0^2$ の残余が生じます。したがって、これを小さくするのが望ましいのですが、全く 0 にすることはできません。

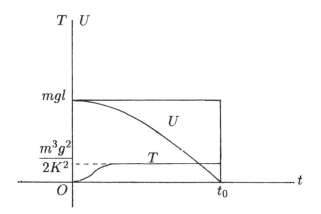

図3．運動エネルギー T とポテンシャルエネルギー U

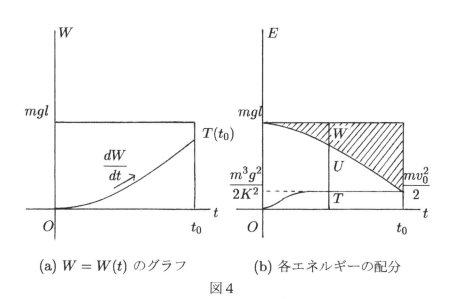

(a) $W = W(t)$ のグラフ   (b) 各エネルギーの配分

図4

　　抵抗力 f のする仕事 P は、式 (3.4) から直ちに求められ、

$$(3.5) \qquad P = \frac{dW}{dt} = \frac{m^2 g^2}{K}\left(1 - e^{-\frac{K}{m}t}\right)^2$$

となります。これは曲線 $W = W(t)$ の勾配であり、大きな t で一定値 $m^2 g^2 / K$ に近づきます (図 4 (a) 参照)。この仕事率 P が時刻 t における発電機の出力する電力と考えられます。すると、発電機の最終的な総出力は

$$(3.6) \qquad W_0 = \int_0^{t_0} \frac{dW}{dt}\, dt = W(t_0) = mgl - \frac{mg^2}{2}\left(t_0 - \frac{Kl}{mg}\right)^2$$

で表せます。ここで、式 (2.2) と式 (2.4) から、$U_0 = g(t_0 - Kl/(mg))$ とかけることに注意します。結局、発電効率を上げるには、K と t_0 を大きくして v_0 を小さく抑えるのがよいと思われます。この場合の便利な近似式を、次節で検討します。

3.2　持続時間

　　負荷定数 K が重りの重量 m に比べて大きいときは、$K/m > 1$ なので $e^{-(K/m)t_0} \ll 1$ と見れば、(2.4) 式から **持続時間** (落下時間) t_0 を

$$(3.7) \qquad t_0 = \frac{m}{K} + \frac{Kl}{mg}$$

としてよいでしょう。実際、$m = 1$ (kg), $l = 1$ (m), $K = 10$ としたとき、(3.7) 式より $t_0 = 1.120$ となります ($e^{-11.2} = 0.00001$)。このときの仕事率は $P_0 = 9.6$ (W)、総出力は $W_0 = 9.32$ (J) になります。また、残余の運動エネルギーは $T_0 = 0.48$ (J) となり、W_0 に比べてかなり小さくなります。

一般に、t_0 は式 (2.4) を解いて得られますが、この t_0 を求めるには工夫がいります。式の形から、t_0 は比率 $\lambda = K/m$ のみできまります。すなわち、(2.4) 式は

$$(3.8) \qquad e^{-\lambda t_0} = -\lambda t_0 + 1 + \frac{l}{g}\lambda^2 \quad \left(\lambda = \frac{K}{m}\right)$$

とかき直せます。そこで、この解を $t_0 = t_0(\lambda)$ とかき、$dt_0/d\lambda$ を求めると

$$(3.9)\quad \frac{dt_0}{d\lambda} = -\frac{t_0^2 - (l/g)\lambda t_0 - (2l/g)}{\lambda(t_0 - (l/g)\lambda)} = -\frac{t_0}{\lambda} + \frac{2l}{g}\cdot\frac{1}{\lambda(t_0 - (l/g)\lambda)}$$

となります。いま、m を固定して K をパラメーターと見ると、$t_0 = t_0(\lambda)$ は K したがって λ についての増加関数となるはずです。すなわち $dt_0/d\lambda > 0$ であって、(3.9) 式によれば、$t_0 - (l/g)\lambda > 0$, $t_0^2 - (l/g)\lambda t_0 - (2l/g) < 0$ でなければなりません。これより、t_0 の存在範囲として

$$(3.10) \qquad \frac{l}{g}\lambda < t_0 < \frac{l}{2g}\left(\lambda + \sqrt{\lambda^2 + \frac{8g}{l}}\right)$$

が得られます。これによって、持続時間 t_0 のおおよその大きさが分かります。

　式 (3.10) より、λ または l が大きいときはほとんど $t_0 = (l/g)\lambda = Kl/(mg)$ としてよいと考えられます。例えば、$m = 1$ (ton), $l = 10$ (m), $K = 10^6$ としたとき、$\lambda = 10^3$ で $t_0 = 1020$ (s) を得ます。このとき、$P_0 = 96.04$ (W) で $W_0 = 9.8 \times 10^4$ (J) となります。これは、残余エネルギー T_0 がほとんど 0 に近く、初めに与えたポテンシャル・エネルギーがそのま

ま発電にまわされていると考えられます。

　残余の運動エネルギー T_0 は発電にとって全く無駄で、これが大きいときは床面に大きな衝撃を与え、場合によっては事故のもとになります。v_0 を小さくするには t_0 と K を大きくすればよいのですが、単純に増速機のギア比を上げて発電機への負荷 K を大きくしても、よい結果は得られません。大きい出力を考えるならば、発電機に与える回転数と同時に、一定以上の回転力 (トルク) が必要だと思われます。また実験によれば、これら外部から与えられる設定パラメーターには微妙なバランスが必要となるようです。これについては改めて解説します。

3.3　変換効率

　重力蓄電の出力は、力学エネルギーを電気エネルギーに変換して、それを電力として利用するものです。そこで、この**変換効率**について調べることにします。まず、重りが床面に達するまでに重力がする仕事率と、発電機に結線された外部回路に流れる電流の仕事率、すなわち電力を比較してみます。

　重りの落下時間を t_0 とすれば、力学的な仕事率 P は

$$(3.11) \qquad P = \frac{mgl}{t_0}$$

となります。これは、重りが最終的に等速度運動になったときの仕事率 dW/dt であって、残余の運動エネルギー $T_0 = (1/2)mv_0^2$ が初めに与えられたエネルギー $U = mgl$ に比べて小さいとしたときの近似の結果です。実際、このとき t_0 を $t_0 = Kl/(mg)$ として、式 (3.11) を K を用いて表すと

$$(3.12) \qquad P = \frac{m^2 g^2}{K}$$

となり、これは系が安定状態になったときの仕事率となります (式 (3.5) を参照)。

　一方、発電機の起電力が E でその内部抵抗を r としたとき、外部回路に与えた負荷の抵抗を R とすれば、電気的仕事率 (電力) P は、**オームの法則** より、

$$(3.13) \qquad P = EI = \frac{E^2}{R+r}$$

で表されます。交流の場合は、これが $P = EI \cos\phi$ ($\cos\phi$ は力率) で置き換えられます。この E と I はそれぞれ交流の電圧と電流の実効値です。

　そこで、力学的仕事率の c 倍 $(c < 1)$ が電力に変換されたとすれば、c はそのときの **変換効率** となります。このとき、式 (3.12) と式 (3.13) より、

$$(3.14) \qquad \frac{E^2}{R+r} = c\frac{m^2 g^2}{K}$$

が成り立ちます。これより、起電力 E がつぎのようにかけます。

$$(3.15) \qquad E = mg\sqrt{\frac{c(R+r)}{K}}$$

交流ではこの形が若干修正されます。ここで、係数 c や K は回路の構成に依存します。実験によれば、回路の抵抗 R が大きいときは K は小さくなり、その起電力 E は大きくなります。一方、回路に流れる電流 I は

$$(3.16) \qquad I = \frac{E}{R+r} = mg\sqrt{\frac{c}{K(R+r)}}$$

となり、起電力 E ほど大きな変化はしません。

　つぎに、エネルギー変換について、別の観点から調べてみます。系が安定した状態を考え、$t_0 = Kl/(mg)$ とかけるとします。エネルギー保存則によれば、

　　力学的エネルギー ＝ 電気的エネルギー ＋ 機械的損失

が成り立っていると考えられます。エネルギーの式では

$$(3.17) \qquad mgl = Pt_0 + L$$

となります。ここで P は電力を表し、$P = EI = I^2(R+r)$ とかけます。L はギア摩擦による音や熱などのエネルギー変換に伴って発生する機械的な損失を表します。このとき、(3.17) 式により、t_0 は

$$(3.18) \qquad t_0 = \frac{mgl - L}{P} = \frac{mgl - L}{I^2(R+r)}$$

とかけます。一方 K は、これを用いて、つぎのようになります。

$$(3.19) \qquad K = \frac{mg}{l}t_0 = \frac{mg}{I^2(R+r)}\left(mg - \frac{L}{l}\right)$$

これらを外部抵抗 R の関数と考えて $t_0 = t_0(R)$, $K = K(R)$ とかくとき、この形を正確にきめるのは難しくなります。それは、I や L が R と共に変化するからです。

　エネルギーの変換効率は、変換の際に生ずる**エネルギー損失** が深く関わってきますが、とくに発電機やギアによる損失が影響すると考えられます。しかし、これらは技術の向上によって将来大きく改善されると思われます。

3.4 負荷定数

負荷定数 K はあらゆる量に関わってきます。とくに、これは出力に直接影響するので、その特性を詳しく調べることにします。一般に、$K = K(R)$ は R の関数として単調減少ですが、特別な状況として (i) 回路を開放したときと、(ii) 回路を短絡したときの場合を考えてみます。

(i) 開放 $(R = \infty)$: これは、回路を開けたままで負荷を結線しないときですが、この回路に流れる電流は $I = 0$、したがって $P = 0$ で $mgl - L = 0$ が成り立ちます。このときの持続時間を t_* として、$t_0 \to t_*$ $(R \to \infty)$ 対応して $K \to K_*$ $(R \to \infty)$ とします。K_* は $K_* = (mg/l)t_*$ できまり、外部回路が空のときの発電機の負荷定数となります。

(ii) 短絡 $(R = 0)$: 外部負荷なしで回路を閉じた状態を考えますが、$R = 0$ で $t_1 = t_0(0) = (mgl - L)/(I^2 r)$, $K_1 = K(0) = (mg/l)t_1$ とかけます。これらの量は測定可能です。

発電機の負荷定数 K を評価するには、t_0 を測定するのがよいようです。そして、(3.19) 式からも分かるとおり、関数 $K = K(R)$ は R に関して単調減少となるはずです。そのときの境界条件が上の (i), (ii) の場合になります。実際に、実験によって得られた結果を表1に示します。この表で、K の値は (3.19) 式を用いて t_0 の測定値から算出しました。電流の I 値はそれほど減少しませんが、これは発電機の容量にもよります。一般的傾向として、外部回路に負荷をかけるほど発電機は軽くなります。これは K が減少するためです。その結果、回転数が上がり起電力は上昇します。

表1．K の R に対する測定値

$R(\Omega)$	0	1.8	4.8	18.7	34.8	66.2	∞
t_0 (s)	7.0	6.7	5.8	4.3	3.2	2.7	1.6
I (A)	0.175	0.170	0.168	0.160	0.155	0.136	0
K	68.6	65.7	56.8	42.1	31.4	26.5	15.7

$$K_* = 15.7, \quad K_1 = 68.6$$

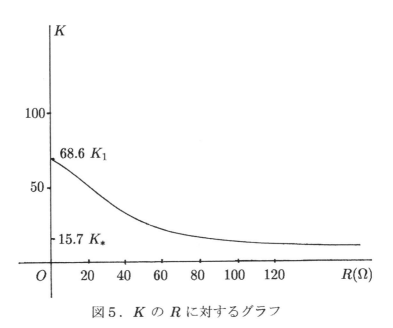

図5．K の R に対するグラフ

第Ⅱ部

４．小型発電機による実験

　小型発電機を用意して小規模な実験装置を組み立て、理論と実際の比較検討をしてみます。実験をする際に注意すべき点を述べておきます。発電機は、直流と交流で扱い方が異なります。交流の出力では、単相と３相の違いがあります。

4.1 外部回路の最適負荷

　電気ドリルのブラシ付きモーターを直流発電機として使用し、動作実験をしてみます。このモーターには、磁界をつくるために永久磁石が内蔵されています。定格電圧は 100 (V)、定格電流 0.7 (A)、消費電力 70 (W) のもので、内部抵抗は $r = 8.5 \, (\Omega)$ でした。ギア比は 1 : 10.5 で、$m = 2$ (kg), $l = 1$ (m) として実験しました。外部負荷として、白熱電球 5 (W), 20 (W), 40 (W), 100 (W) のものを用意しました。結果は以下の通りです。

表２．直流発電機による外部回路の測定値

電球	$R\,(\Omega)$ V/I	t_0(s)	I(A)	V(V)	E(V)	P(W) IE	K	c(%)
100 W	14.7	3.8	0.265	3.9	6.15	1.68	74.5	31.6
40 W	122.0	1.7	0.205	25.0	26.7	5.47	33.3	47.4
20 W	263.6	1.2	0.129	34.0	35.1	4.53	23.5	27.7
5 W	2307.7	1.0	0.026	60.0	60.2	1.57	19.6	8.0
開放	∞	0.9	0	67.5	67.5	0	17.6	0

　この表で、t_0, I、および外部負荷の端子電圧 V のみを測定
し、発電機の起電力 E は $E = V + rI$ によって求めました。ま
た、K, c は $K = (mg/l)t_0$, $c = Pt_0/(mgl)$ としました。端子
を開放した場合、すなわち電流が流れていない状態では起電力
と端子電圧は一致し、このとき起電力は最大となって $E = 67.5$
(V) を示していることに注意して下さい。

　瞬間出力 P は 40 (W) 電球のときが最大で、その後に外部抵
抗を増やすと P は減少するようです。式 (3.16) によれば、電
流 I は抵抗 R に対して単調に減少します。一方、起電力 E は
(3.15) 式によって、単調に増加するはずです。実際、この表で
見られる通りです。この I と E の逆転現象が最大出力を生じ
させる理由だと考えられます。そこで、この現象を理解するた
めに、抵抗値を細かく変えて詳しく調べた結果を、図6にグラ
フとして示しました。これが外部負荷による電流・電圧特性で
す。これによると、$R = 150$ (Ω) あたりで P が最大となり、最
大出力が $P = 7.63$ (W) となります。

　一般に、与えられた m, l に対して、$P = IE$ はある抵抗値
のところで最大値をもつようです。この負荷抵抗の値 R_0 を**最
適負荷**と呼ぶことにします。このとき、P は最大出力を示しま
す。そこで、$R = R_0$ で $P = P(R)$ が極大値をもつ条件を調べ
てみます。

　E は $E = V + Ir = I(R + r)$ となりますが、これが R に対
して単調に増加するとします。とくに、E の形として

(4.1)　　　　　　$E = E_0 \, e^{-\alpha R} + E_*(1 - e^{-\alpha R})$

を仮定します（αは定数）。ここで、$E_0 = I_0 r$（I_0 は $R = 0$ の

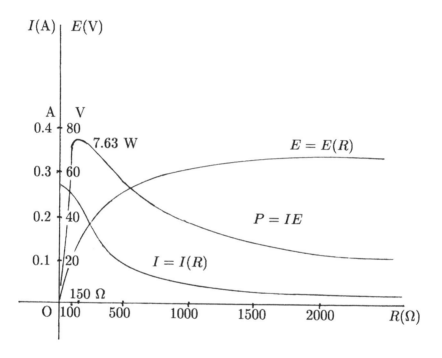

図6. 外部回路の電流・電圧特性と出力曲線

ときの電流) で、$E_* = V_*$ は $R = \infty$ のときの電圧とします。
このとき、つぎがいえます。

$$I = \frac{E_0}{R+r}e^{-\alpha R} + \frac{E_*}{E+r}(1 - e^{-\alpha R}) \to 0 \quad (R \to \infty)$$

さらに、$1 + \alpha r < E_*/(E_* - E_0)$ ならば $dI/dR < 0$ が成り立
ちます。一方、P は

$$(4.2) \qquad P = I^2(R+r) = \frac{1}{R+r}\Big(E_0\,e^{-\alpha R} + E_*(1 - e^{-\alpha R})\Big)^2$$

とかけ、この関数は $1 + 2\alpha r > E_*/(E_* - E_0)$ ならば極大値を
もつことが示せます。これら二つの条件を合わせて、

$$(4.3) \qquad \frac{E_0}{2(E_* - E_0)} < \alpha r < \frac{E_0}{E_* - E_0}$$

ならば、P は $R = R_0$ で極大値をもちます。このときの R_0 (最
適負荷) の値は、

$$(4.4) \qquad \frac{E_*}{E_* - E_0}e^{-\alpha R} = 1 + 2\alpha(R + r)$$

の解としてきまります。この解 R_0 の形を具体的にかくのは不
可能です。

　つぎに、最大出力の評価をしてみます。いま、(4.2) 式の右辺
が (4.4) 式の解 $R = R_0$ で極大値をとるとします。式 (4.4) よ
り $e^{-\alpha R_0}$ を求めて、それを (4.2) 式に代入すると、極大値を R_0
を用いてかくことができます。すなわち、

$$(4.5) \qquad P_0 = P(R_0) = \frac{4\alpha^2(R_0 + r)}{(1 + 2\alpha(R_0 + r))^2}E_*^2$$

が得られます。これより、$R_0 > 1/(2\alpha) - r$ である限り、R_0 が増加 (減少) すれば極大値 P_0 は減少 (増加) することが分かります。したがって、**最適負荷の値が小さいときの方が最大出力は大きくなる**と考えられます。しかし、この状況は発電機の容量にもよるし、外部パラメーター (m, l, ギア比など) にも依存するので、一概には云えません。これらは実験によって確かめるしかないようです。

4.2 交流発電機による負荷特性

交流発電機は、発電機としては一般的で、とくに 3 相交流として発電するのが普通のようです。その外部負荷に対する特性は直流の場合とほとんど同じになります。以下に、その実験結果を述べます。使用した発電機は電動自転車用のブラシレスモーターで、これは励磁用に永久磁石が組み込まれているものです。3 相交流として発電されるので、そのうち交流 1 相だけを取り出して出力させました。定格では 240 W, 入力電圧 25.2 V, 電流 3.7 Ah となっていました。コイルの巻線は太く、内部抵抗は無視してよいようです。ギア比と重りの重量を変えて、2 度実験をしてみました。パラメーターの違いによる出力の結果を比較してみて下さい。

実験 1. ギア比 1 : 6, $m = 4$ (kg), $l = 1$ (m), プーリーの直径 $d = 6.0$ (cm) の場合: $r = 0$ として $E = V + Ir = V$ となります。発電機の回転数 G は、ギア比が $1 : k$ のとき $G = kl/(\pi d t_0)$ となることより求めました。また、I と E は交流として実効値を測定しました。結果は以下の通りです。

表3．交流発電機による負荷特性

$R (\Omega)$	t_0(s)	G(r/s)	I(A)	E(V)	P(W)	K	c(%)
11.1	2.6	12.2	0.900	10.0	9.00	101.9	59.7
25.6	2.1	15.2	0.530	13.6	7.21	82.3	38.6
85.9	1.9	16.8	0.185	15.9	2.94	74.5	14.3
197.7	1.8	17.7	0.086	17.0	1.46	70.6	6.7
∞	1.6	19.9	0	17.7	0	62.7	0

$$K = (mg/l)t_0, \quad c = Pt_0/(mg\,l)$$

　この結果を見ると、負荷抵抗が小さいときの方が、出力が大きくなっているのが分かります。この低負荷の領域をさらに細かく調べて、電流・電圧曲線と出力曲線を描いてみたところ、図6とほとんど同じ曲線が得られました。実際に、最適負荷の値は $R_0 = 11.0\,(\Omega)$ で最大出力は $P_0 = 9.00\,(\mathrm{W})$ でした。

　この実験で使用した発電機は以前より大きなものですが、期待されるほどの結果は得られませんでした。この発電機は電圧を抑えて電流を大きくしているので、負荷抵抗が小さいほど電流が大きくなるのだと思います。一般に、発電機の起電力はコイルの巻数と回転数に比例します。そこで、大きな出力を得るには、回転数を上げる必要があります。それには、ギア比を大きくして、またプーリーに大きなトルク(回転力)を与えるために、重りの重量を増やすことが考えられます。こうして得られた結果を、つぎに述べます。

実験2．ギア比 $1:30$, $m = 32\,(\text{kg})$, $l = 1\,(\text{m})$, $d = 6.6\,(\text{cm})$ の場合： このときの結果を、改めて表4に示しました。これを見ると、負荷抵抗が小さいところで大きな電流が得られ、したがって出力も大きくなります。実際、このときの最大出力は $P_0 = 51.4\,(\text{W})$ で最適負荷は $R_0 = 18.4\,(\Omega)$ となります。しかし、抵抗値が $100\,(\Omega)$ 以上の領域では、ほとんど起電力が一定で、外部負荷によらなくなるようです。これは、発電機の容量が大きいほど顕著になります。参考のために、表4から得られた電流・電圧の曲線を図7に描きました

　発電機の起電力を大きくするにはその回転数を上げればよいのですが、一般に回転数は重りの重量やギア比、プーリーの直径などで変わります。この事情を定量的に調べてみます。まず、発電機の起電力 E はコイルの巻数 n と回転の角速度 ω によって、次式できまります。

$$(4.6) \qquad E = nBS\omega \sin\omega t$$

ここで、B は磁界の強さで、S はコイルの張る面積とします。外部から制御できる量は ω だけで、回転数 G を用いてかけば $\omega = 2\pi G$ となります。さらに G は、ギア比を $1:k$, プーリーの直径を d として、

$$(4.7) \qquad G = \frac{kl}{\pi d t_0} = \frac{g}{\pi K} \cdot \frac{km}{d}$$

とかけます。ここで、$t_0 = kl/(mg)$ を使いました。したがって、K がほとんど一定と考えて、回転数 G を上げるには、ギア比 k と重量 m を大きくし、プーリーの径 d を小さくするのがよいと思われます。

表 4．(改) 交流発電機による負荷特性

$R\,(\Omega)$	$t_0\,(\mathrm{s})$	$G\,(\mathrm{r/s})$	$I\,(\mathrm{A})$	$E\,(\mathrm{V})$	$P\,(\mathrm{W})$	K	$c\,(\%)$
3.5	6.0	24.2	2.780	9.6	26.69	1881.6	51.1
9.8	3.0	48.3	2.195	21.6	474.1	940.8	45.4
18.4	2.5	58.0	1.670	30.8	51.44	784.0	41.0
64.7	2.2	65.8	0.621	40.2	24.96	689.9	17.5
371.8	2.1	69.0	0.117	43.5	5.09	658.6	3.4
∞	2.0	72.5	0	48.7	0	627.2	0

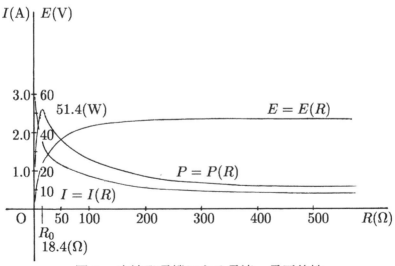

図 7．交流発電機による電流・電圧特性

4.3 オルタネーター発電機 1

　自動車用オルタネーターは、エンジンに連結して3相交流として発電し、直流に整流してバッテリーを充電するためのものです。したがって、毎秒 100 回転程度で約 50(A) の出力電流が得られるそうです。しかし、バッテリーの電圧が 12(V) 程度なので、出力電圧がつねに一定となるように IC レギュレーターによって制御しています。磁界はローター(回転子)のコイルにバッテリーから、または発電によって生じた交流を整流したものを流して励磁させています。このとき、出力電圧が一定になるように励磁電流の大きさを調整しています。

　このオルタネーターを実験用発電機として利用するには、少々手を加える必要があるようです。外部電源がないので、起動時の励磁電流をとることができません。そこで初めは、残留磁気によって発生した電流を、直流にしてローター回路に戻して自己励磁させることが考えられます。すなわち、オルタネーターは回転さえ与えれば、単独でも発電するはずです。そのために、IC レギュレーターの部分を削除する必要があります。回路図を図8 に示しました。本来は、B,E の先に IC レギュレーターとバッテリーが接続されています。整流回路は残しておく必要があります。コイルの巻線が太いため、内部抵抗はほとんど 0 と考えてよいようです。

　自己励磁方式なので、回転数を上げると起電力が増し、ローターに流れる電流も大きくなります。その結果、起電力は回転数に対して加速度的に上昇すると思われます。とくに、重りの重量に対して起電力は急速に倍増されます。実際、実験による結果を表5 に示しました。

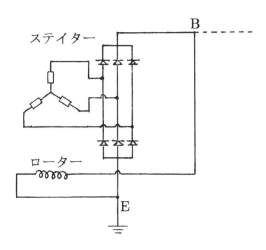

図８．実験用オルタネーターの回路図

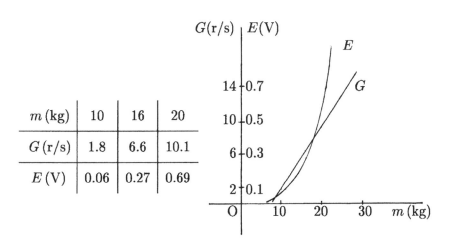

m (kg)	10	16	20
G (r/s)	1.8	6.6	10.1
E (V)	0.06	0.27	0.69

表５．重量 m に対する回転数と起電力の関係

明らかに、回転数 G は重量 m に比例していますが、起電力 E は加速度的に増加します。その理由を式で表すと、つぎのようになります。G が m に比例することは、式 (4.7) より分かります。一方、起電力 E は (4.6) 式できまります。この式の中の磁界の強さ B はローターへの励磁電流に、したがって回転速度に比例すると考えて、$B = \sigma\omega$ (σ は比例定数) とします。これを式 (4.6) に代入して、

(4.8) $$E = n\sigma S\omega^2 \sin\omega t$$

を得ます。この ω は $\omega = 2\pi G$ なので、結局のところ起電力 E は重量 m の平方に比例することになります。

　この事実はローターの励磁方式によるもので、永久磁石で磁界をつくっているものであれば、この B は一定値となります。一般の大型発電機でも、3相交流として発電された交流を、整流器で直流にしてローターに流して励磁させているようです。

　出力の大きさを知るためには、回路を開放状態にして測定すればだいたいの様子は分かります。このときの電圧は最大電圧 E_* を示します。一方、回路の短絡状態 ($R = 0$) を調べるのは、かなりの危険を伴います。このときの電流は最大となり、回路に大電流が流れるからです。測定箇所としては、ステイター (固定子) に生ずる3相交流のうち1相だけに注目してその交流を測定しましたが、もっとよい方法があるのかも知れません。

　実際に実験をしてみると、重りの重量やギア比、プーリーの径などのバランスがよくないときは、重りの落下速度が滑らかでなくなり、出力電圧が大変不安定となる現象が見られます。すなわち、初期の落下速度は大きいのですが、途中から重くなり、一瞬停止状態近くにまでなります。このとき、起電力は衝

撃的に増大します。その後はまた初めの速度に戻り、以後同じ
状況が繰り返されます。この現象が起こる理由として、つぎの
ようなことが考えられます。

① 初めに回転数が上がるにつれて、残留磁気による起電力が
　発生し、同時にローターにかかる電圧が上昇していく。
② 励磁電流が流れ始めた瞬間、発電機への電気的負荷が増大
　し、回転数が下がる。このとき、急激にローターの磁束が変
　化し、起電力が跳ね上がる。
③ 発電機の力学的負荷のため、回転はほとんど静止に近くな
　り、改めて回転を始める。

　とくに、②の段階で急に励磁電流が流れ出すのは、整流回路
に使われているダイオードにその原因があるように思います。
ダイオードが機能するためには、ある一定以上の端子電圧が必
要のようです。この現象を防止するにはトルクを大きくすれば
よいのですが、そのためには重りの重量とプーリーの径を大き
くする必要があります。結果として、回転数は下がるかも知れ
ません。自励方式の発電機では、この現象に注意が必要です。
　参考のために、初期の出力電圧が確立していく様子を、以下
の図９に描いてみました。この画像はオシロスコープで測定し
たもので、まだローターには励磁電流が流れていない状態が見
てとれます。設定パラメーターは、ギア比 1 : 25, 重量 $m = 36$
(kg), プーリー径 $d = 7.0$ (cm) としました。このときの発電機
の回転数は $G = 26.7$ (r/s) でした。

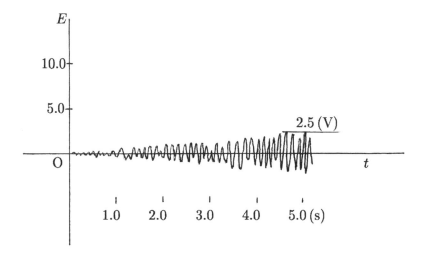

図9. 起電力の初めの電圧変化

4.4 オルタネーター発電機 2

オルタネーター発電機、または一般に自己励磁式の発電機は、
永久磁石方式のものと比べて、その特性がかなり異なるところ
があるようです。自己励磁式の発電機の大きな特徴を挙げると、
つぎのようになります。

(1) 回転数は重りの重量に比例するが、起電力は加速度的に
増加する。
(2) 励磁電流が大きくなると、急に回転が重くなる。
(3) その結果、急激な電圧変動が生ずる。

これらの状況を考慮した上で、大きな出力を得る方法を探る
ことが今後の課題となります。急激な電圧変動を抑えるために、
プーリーの径を大きくして発電機にかかるトルクを増やすこと
が考えられます。しかし、そのために重りの重量を大きくする
必要が出てきます。回転を滑らかにするためには、**弾み車**(フラ
イホイール) の使用もよいでしょう。

一方、発電機の回転数は次式できまります(式 (4.7) 参照)。

$$(4.9) \qquad G = \frac{kg}{\pi K d} m$$

ここで、ギア比を $1 : k$ とかきました。この式より、トルクを
増やすためにプーリーの径 d を大きくすると、回転数は下がり
出力に影響が出てきます。したがって、同じトルクで動かすに
は、d よりも m を増やすのがよいと思われます。ただし、大き
な重量を支える設備が必要となります。なお、発電機に与える
トルクについては、ギア比との関係で、後に詳しく調べます。

ローター回路の BE 間 (図 8 参照) にコンデンサーを挿入して、

励磁電流の急激な変化を抑えることも考えられますが、充電されるまでに時間がかかり、また一度充電されてしまうと、それが完全に放電するまで次の段階に進めなくなります。多少は出力電圧が安定するようですが、期待される程の効果は得られませんでした。

実際に実験をしてみると、つぎのようになります。重りの重量を $m = 40\,(\mathrm{kg})$、プーリーの直径 $d = 11\,(\mathrm{cm})$ として、回路は開放状態にして出力電圧を測定しました。落下時間より回転数を求めると、$G = 21.7\,(\mathrm{r/s})$ となります。初めは軽やかに回り出しますが、途中で重くなり、その後は安定して起電力が $E = 8.4\,(\mathrm{V})$ 前後で一定となりました。図10はそのときのオシロスコープによる画像です。交流の最大値が実効値の $\sqrt{2}$ 倍であることに注意して下さい。なお、この実験でコンデンサーは使用していません。

発電機の外部回路に負荷をかけて、各抵抗値に対する電流・電圧特性を調べてみます。設定値は、重量 $m = 40\,(\mathrm{kg})$、プーリー径 $d = 11\,(\mathrm{cm})$、高さ $l = 120\,(\mathrm{cm})$ として、ギア比は $1 : k$ で実験しました。スティターの内部抵抗はほとんど 0 なので、負荷の両端に生ずる電圧 V は起電力 E と同じと見なします。負荷抵抗値は測定値より、$R = E/I$ で、出力電力は $P = EI$ で計算しました。結果を表6に示しました。この表で起電力 E は抵抗値によらず、ほぼ一定となっていることに注意して下さい。とくに、$R = 2.6\,(\Omega)$ のときの負荷抵抗を流れる電流が $I = 2.3\,(\mathrm{A})$ になっています。これらの状況を、模式的に描いたものが図11です。したがって、電流 I のグラフは双曲線 $I = E/R$ とかけて、これは**オームの法則**を表しています。容量の大きな発電機では、このような特性が見られるようです。

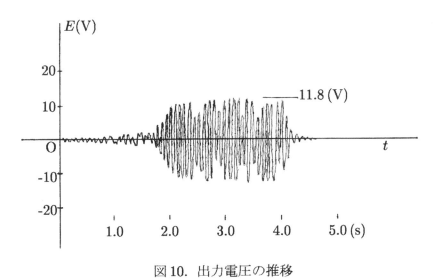

図 10．出力電圧の推移

表 6．オルタネーターの電圧・電流特性

$R(\Omega)$	t_0 (s)	G (r/s)	I (A)	E (V)	P (W)	K	c (%)
2.6	5.4	16.1	2.30	6.0	13.80	1764	15.8
8.8	5.2	16.7	0.86	7.6	6.54	1699	7.2
13.7	5.0	17.4	0.57	7.8	4.45	1633	4.7
24.1	4.2	20.7	0.34	8.2	2.79	1372	2.5
∞	4.0	21.7	0	8.4	0	1307	0

図11で、直線 E と双曲線 I の交点の近くに最適負荷の抵抗値 R_0 があります。表6では、約 $R_0 = 5\,(\Omega)$ となります。

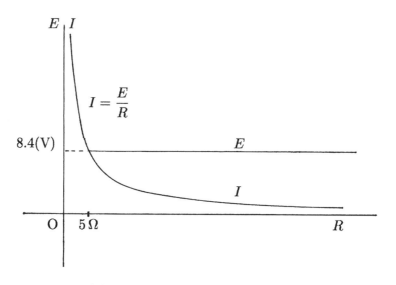

図 11. 電圧・電流特性の模式図

5．実験上の注意

　実際に実験をしてみると、いろいろと問題が発生します。出力を大きくするための工夫と同時に、安全性にも配慮する必要があります。これは、事故を防止する上で重要です。細かい技術的な事項についても解説します。

5.1　回転数とトルクの関係

　プーリーを介して発電機に大きな回転数を与えるには、遊星ギアが適しています。これはギアの中に小さなギアが組み込まれていて、かなりの力に耐えられ、しかも装置が小型化できるという利点があります。一つのギアで5倍程度の回転倍率が得られます。いくつかの遊星ギアを組み合わせれば、さらに大きな倍率を得ることも可能です。しかし、回転数を上げすぎると、今度は発電機にかかるトルクが減少します。このあたりの事情を以下に説明します。

　ギアの回転数とトルクの関係は、つぎのようにして分かります。まず、ギアのする仕事率を求めます。半径 r の円周上で、接線方向に働く力 F の単位時間あたりの仕事量 W は、つぎのようになります。

A点でのトルク (モーメント)：$T = Fr$

角速度：$\omega = \theta$（単位時間あたり）

θ に対する弧の長さ：$s = r\theta$

回転数：$N = s/(2\pi r) = \theta/(2\pi)$

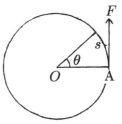

図12

よって、仕事量 $W = Fs = Fr \cdot (s/r) = T\theta = 2\pi TN$ (J/sec) が得られます。この量は、同軸上に並べたどのギアについても共通で、一定値になります。

　例えば、遊星ギアを二つ組み合わせて、つぎのように増速するとします (図13)。各ギアの増速比はともに $1:5$ で、半径 5 (cm) のプーリーに重量 60 (kg) の荷重をかけたとして、初めプーリーに与えるトルクは $T = 60 \times 5 - 300$ (kg·cm) となります。もし、プーリーが毎秒1回転するならば、各ギアにかかるトルクとその安全率が表7のように計算されます。

　ここで、$TN = (一定)$ の値はプーリーについて $300 \times 60 = 18000$ だから、入力トルクは $18000/(\text{rpm})$ で求められます。一方、各ギアの**許容トルク**は入力回転数によってきまっていて、ギアの耐久度を表しています。ギアの安全率は (許容トルク)/(入力トルク) で計算しました。以上のことは、装置を設計する上で重要です。

　発電機にかかるトルクは、回転数と共に発電出力に直接かかわってくる重要な要素となるので、注意が必要です。そこで、ギアで増速したときの回転数 N と軸にかかるトルク T の関係を、改めてまとめるとつぎのように述べられます。

原理. 回転数とトルクは反比例する。すなわち、$NT = 一定$ が成り立つ。

　これより、発電機にかかるトルクがつぎのように求められます。いま発電機の回転数を G、プーリーの回転数を P、増速機のギア比を $1:k$ とすると、$G = kP$ となります。また、プーリーの直径を d、重りの重量を m とすれば、プーリーに与えるトルクは $T = mg \cdot (d/2) = (g/2)md$ になります。そこで、発電

表 7．各ギアにかかるトルク

Pの回転数 1 (r/s)	G	ギア 2	ギア 1	P
出力回転数 (rpm)		1500	300	60
入力トルク (kg·cm)	(12)	60	300	(300)
許容トルク (kg·cm)		70	340	
安全率		1.17	1.13	

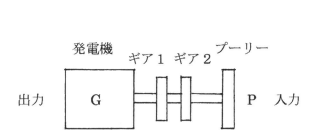

図 13．各ギアの配置図

機にかかるトルクを T' とかけば、上の原理から、$GT' = PT$
が成り立ち

(5.1)
$$T' = \frac{P}{G}T = g\frac{md}{2k}$$

が得られます。これは重要な結果で、今後何度も使われます。

　例えば、$m = 50\,(\text{kg})$, $d = 11\,(\text{cm})$ のとき、発電機側のトル
ク T' は、kg重の単位で

$$k = 25 \quad \text{ならば、} \quad T' = \frac{50 \times 5.5}{25} = 11.0 \quad (\text{kg}\cdot\text{cm})$$

$$k = 100 \quad \text{ならば、} \quad T' = \frac{50 \times 5.5}{100} = 2.75 \quad (\text{kg}\cdot\text{cm})$$

となります。すなわち、回転倍率を大きくすると発電機側のシャ
フトにかかる力は小さくなり、大きな重量の重りでも小さい力
で支えることができるようになります。したがって、ブレーキ
など落下速度を制御するには、発電機側で操作した方がよいと
思われます。

5.2　最低回転トルク

　大きなギア比に対して、プーリーに与えるトルクが小さすぎ
ると、発電機は回転しないことがあります。重りの重量が小さ
いとき、たとえ回転したとしても、重りの落下速度は大変ゆっ
くりなものとなります。それでもギア比が大きければ、発電機
にはある程度の回転速度が与えられますが、このときの発電能
力はほとんどないようです。

　実際に、つぎのような実験をしてみます。ギア比を $1 : 100$
にして、$m = 40\,(\text{kg})$, $d = 11\,(\text{cm})$, $l = 120\,(\text{cm})$ としたとき、

重りは極めてゆっくりと落下します。この重量は、発電機が回転するのに必要なトルクを与える最小限の重量に近いと思われますが、それでもギア比が大きいので、発電機にはそれなりの回転速度が得られます。しかし、このときの起電力は $E = 1.2$ (V) で予想外に小さくなります。この理由を考えてみます。

表 6 で述べた実験結果 (A) とこの実験結果 (B) を、外部回路を同じ開放状態にして比較してみます。ギア比による倍率は、(A) $k = 25$, (B) $k = 100$ となります。各測定値は、以下の通りです。

表8．トルクと起電力の差異

実験	k	t_0 (s)	G (r/s)	E (V)	K	T_G(kg·cm)
(A)	25	4.0	21.7	8.4	1307	8.8
(B)	100	18.5	18.8	1.2	6031	2.2

この比較によると、発電機の回転数 G がともに 20 (r/s) 前後にもかかわらず、その起電力に大きな差が出てきます。起電力が発電機の回転数のみできまるならば、このようなことは起こらないはずです。そこで、式 (5.1) を用いて、両者の発電機にかかるトルク T_G を計算してみると、表8 のようになりました。この差は歴然としています。なぜ発電機の出力にある程度以上のトルクが必要となるのか、これを考察します。この最低限必要なトルクを **最低回転トルク** と呼びます。

実験 (A), (B) で、落下速度の違いを詳細に観察すると、(A) では重りが落下を始めてすぐに一定速度となり、一方 (B) では徐々に速度を増していくのが見られます。この (B) では、ギアの摩

擦を含めて、発電機の機械的負荷 K が大きいため、落下速度が直ちに確立しにくいのだと思われます。その結果、ローターに流れる電流が不足して、ほとんど残留磁気による発電になっていると考えられます。図 14 に、(A) と (B) の場合の落下速度 v の違いを、時間変化として描きました。

　落下時間 t_0 は、図 14 において v 曲線と t_0 を通る垂線、および t 軸で囲まれた部分の面積が l となる位置を示しています。一方、t_0 は式 (2.4) を満たすので、時刻 t_0 における速度 v_0 (最終速度) は、(2.2) 式より、

$$(5.2) \qquad v_0 = \frac{mg}{K}\left(1 - e^{-\frac{K}{m}t_0}\right) = g\left(t_0 - \frac{Kl}{mg}\right)$$

とかけます。もし、$K \gg m$ のときは $e^{-(K/m)t_0} \ll 1$ と考えて、(2.4) 式は $t_0 = m/K + Kl/(mg)$ あるいは $t_0 = Kl/(mg)$ としてよいでしょう。また、落下運動がほとんど等速運動であれば、発電機の回転数は

$$(5.3) \qquad G = \frac{l/(\pi d)}{t_0} \times k = \frac{kl}{\pi d t_0}$$

となります (式 (4.7) 参照)。しかし、(B) の場合は落下速度が安定していないので、これらの式を使用するのは無理のようです。

　そこで (B) においては、$t = t_0$ で初めて安定速度 $v_0 = mg/K$ に達すると仮定します。すると、(5.2) 式を用いて、$v_0 = mg/K = g(t_0 - Kl/(mg))$ から再び

$$(5.4) \qquad t_0 = \frac{m}{K} + \frac{Kl}{m}$$

が成り立つことが分かります。これを K について解くと、

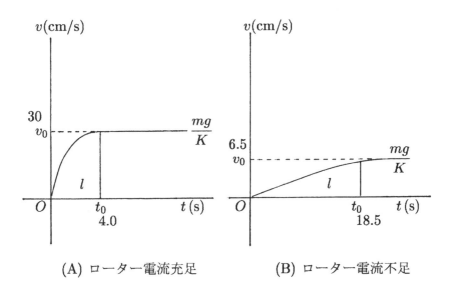

(A) ローター電流充足　　　(B) ローター電流不足

図14. 落下速度の時間変化

$$(5.5) \qquad K = \frac{mg}{2l}t_0\Big(1 + \sqrt{1 - 4l/(gt_0^2)}\Big)$$

が得られます。このとき、v_0 は t_0 の関数としてかけて、つぎのようになります。

$$(5.6) \qquad v_0 = \frac{2l}{t_0} \cdot \frac{1}{1 + \sqrt{1 - 4l/(gt_0^2)}}$$

プーリーの回転数は $p = v/(\pi d)$ とかけるので、発電機の最終回転数は $G_0 = p_0 k = v_0/(\pi d) \cdot k$、すなわち

$$(5.7) \qquad G_0 = \frac{2kl}{\pi d t_0} \cdot \frac{1}{1 + \sqrt{1 - 4l/(gt_0^2)}}$$

として求まります。これを (5.3) 式と比較してみると、この G_0 の方が僅かに大きくなるだけで、数値的にはほとんど変わらないことが分かります。

　つぎに、重量だけを $m = 44$ (kg) に増量して、他は以前と同じ条件で実験をしてみます。このとき、重りは加速度的に落下し、落下時間も多少短かくなりますが、その運動の状況は前とほとんど変わりません。実際、$t_0 = 15.0$ (s) で発電機の回転数は $G = 23.1$ (r/s) となります。この回転数は以前より大きいのですが、起電力は小さく $E = 2.0$ (V) でした。これは落下速度がすぐには一定とならず、$t_0 = 15.0$ (s) の時間をかけて最終的に回転数 $G_0 = 23.1$ (r/s) に達する結果だと思われます。発電機には、この回転数になってやっとローターに電流が流れ出すようです。これは、機械的負荷が大きいため、ローター電流が確立するのに時間がかかるのだと考えられます。

このときの負荷定数 K と最終回転数 G_0 を、式 (5.5) と式 (5.7) を用いて求めてみると、以下のようになります。

$$K = \frac{44 \times 9.8}{2.4} \times 15.0\left(1 + \sqrt{1 - 4.8/(9.8 \times 15^2)}\right) = 5387,$$

$$G_0 = \frac{2.4 \times 100}{3.14 \times 0.11 \times 15.0} \times \frac{1}{1.9989} = 23.17 \ \ (\text{r/s})$$

これによると、機械的負荷 K の値は大きくなります。回転数 G_0 は (5.3) 式から求めた数値とほとんど変わりません。

　以上の実験およびその分析から考えて、ギア比が大きいときは負荷定数も大きくなり、それに対抗するだけのトルクが必要となるわけです。出力を大きくするには、大きなトルクを与えてはやくローター電流を充足させることが大切なようです。発電機の出力は回転数だけできまるとは考えられません。これは自励式発電機の特徴だと思われます。

　なお、後に分かることですが、オルタネーターの場合には発電機にかかるトルク T_G が 8.0 (kg·cm) 以上でないと機能しないようです(最低回転トルク)。したがって、つねにトルクの値には注意が必要です。

5.3　パラメーターバランス

　外部から制御できる量は、重りの重量 m とプーリーの直径 d、ギアの倍率 k だけです。高さ l はワイヤーの長さできまり、l を大きくすることは運転時間を延ばすだけのことで、ただ実験のデータをとることが目的ならば、必要以上に高くする必然性はないと思います。重りの運動は等速度運動なので、単位時間あたりの出力(電力)は高さによらないのです。ただし、ローター電流を安定させるに要する高さは必要です。

外部制御が可能なパラメーター m, d, k は独立に与えてよい
のですが、発電機の出力を考えたとき、微妙なバランスが必要
となります。とくに、使用する発電機の励磁方式には注意を払
わなければなりません。自励方式の場合、ローターにうまく電
流を流すには、それなりの考慮が必要です。例えば、回転数を
上げるためにギア比 k を大きくしても、うまくいきません。ま
た、プーリーの径 d を小さくしても、回転数の増加につながり
ません。この原因は、発電機に与えられるトルク T_G が小さす
ぎるからです。
　一般に、ギア比 k を大きくすると機械的負荷が増大し、負荷
定数 K が大きくなります。したがって、それに耐え得るだけ
のトルク T_G が必要となります。トルクを大きくするには、む
しろプーリーの径 d を大きくして、また重量 m を増量すれば
よいのですが、それに伴って設備は大きくなります。同じ条件
m, d で実験するならば、ギア比 k を小さくした方がよい結果
が得られます。トルク T_G が大きくなるからです。
　パラメーターのバランスがよく、比較的よい結果が得られた
例として、オルタネーターによるつぎの実験を紹介します。ギ
ア比 $1 : 48$, $m = 67$(kg), $d = 11.5$(cm), $l = 115$(cm) として、
回路は開放状態で測定しました。結果は、$t_0 = 15.0$(s), 起電力
$E = 5.7$ (V) でした。これより、発電機にかかる回転数 G とト
ルク T_G を求めてみると、

$$G = 3.19/15.0 \times 48 = 10.2 \ \ (\text{r/s}),$$
$$T_G = 67 \times 11.5/96 = 8.02 \ \ (\text{kg·cm})$$

となります。回転数が小さいわりには、それなりの出力が出て
いると思います。このときの重りの運動は、始め速く後にゆっ

くり安定して落ちていくのが見られました。この速度の変化の様子を、概念図として描くと図15のようになります。初めの速度のピーク時あたりで、ローターに電流が流れ始めたと思われます。その後一瞬、急な電気的負荷のために速度が落ちます。この発電機が正常に作動するためには、発電機に与えられるトルクが $T_G \geq 8.0$ (kg·cm) であることが必要条件のように思われます。

さらに、ギア比とプーリー径を同じ条件 $k = 48,\ d = 11.5$ (cm) とし、重量だけを増量して実験をすると、表9のようになります。明らかに、同一条件では回転数 G が重量 m に対して比例的に上昇し、起電力 E は加速度的に増加します。

表9. 重量に対する回転数と起電力

m (kg)	t_0 (s)	G (r/s)	E (V)	T_G (kg·cm)
78	12.0	13.1	6.5	9.34
86	11.0	14.3	7.5	10.30
94	10.3	15.2	8.6	11.26

入力トルクを大きくするために、重量を増やしプーリー径を大きなものにすれば、さらに出力を上げることは出来ます。オルタネーター発電機で最高出力を記録した実験の結果を表10に示しました。ギア比 $k = 48$、重量 $m = 106$ (kg)、プーリー径 $d = 13.3$ (cm)、高さ $l = 118$ (cm) としたとき、発電機側のトルクは $T_G = 14.7$ (kg·cm) でした。

オルタネーター発電機はバッテリー充電用なので、出力が低

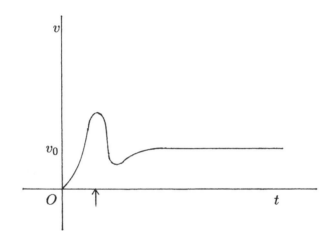

図 15. 重りの落下速度 (概念図)

表 10. オルタネーターによる出力 (電力)

$R\,(\Omega)$	$t_0\,(\mathrm{s})$	$G\,(\mathrm{r/s})$	$I\,(\mathrm{A})$	$E\,(\mathrm{V})$	$P\,(\mathrm{W})$
5.0	9.4	14.4	2.20	9.57	21.1
∞	7.5	18.0	0	12.0	0

電圧・高電流となるように設計されていて、定格出力は 15 V,
40 A 程度のようです。したがって、オルタネーターを実験用の
発電機として使用するには限界があるようです。

　パラメーターのバランスについては、試行錯誤で実行してみ
て、一番適する組み合わせを見付けるのがよいようです。なぜ
なら、これは使用する機材の性能にもよるし、技術的な進歩に
よっても変わってくるかも知れません。確かに云えることは、
パラメーターのある要素だけ増やしても、それだけではよい結
果を導かないということです。

写真3. 発電機とその周辺

写真4. 実験に使用した測定器その他

6. 小規模モデル実験

大きな重量に耐えられる設備を組み立て、本格的な実験を試みます。蓄電装置としての充電部分は省略して、放電部分に関わる重力による発電についてその特性を調べます。負荷特性のデータを収集します。

6.1 エンジン発電機 1

市販の携帯用エンジン発電機から、発電機部分を取り出して実験用とします。この発電機は自己励磁式で、ブラシはありません。定格は 100 V、出力 700 W のものです。コンデンサーで電圧調整をしているようです。ローター内部に励磁機が内蔵されていて、残留磁気によって発生した電気を一度コンデンサーに溜めて、一定電圧になったら放電して励磁機の界磁電流として流します。励磁機の出力電流は整流され、発電機本体の界磁をつくるために供給されます。図16に、エンジン発電機の内部構造を、概念図として示します。

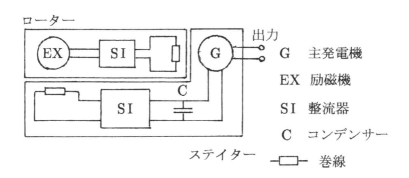

図16. エンジン発電機の内部 (概念図)

外部負荷をかけて実験をしてみると、運転を開始してからの応答時間がかなり遅くなります。これは、初期に発生した電気を一度コンデンサーに充電してから、励磁電流として放電しているからだと思います。実際、ギア比 $k = 48$、重量 $m = 62$ (kg)、外部抵抗 $R = 10\,(\Omega)$ で実験したところ、終盤近くになって安定してきて、起電力が $E = 24.0$ (V) を示しました。

　以下の実験では、起電力が 100 (V) を超えてきます。なお、内部抵抗はわずかなので、外部抵抗の端子電圧 V を測定して、これを起電力 $E = V$ としました。設定パラメーターは、ギア比 $k = 48$、重量 $m = 90$ (kg)、プーリー径 $d = 13.3$ (cm)、高さ $l = 130$ (cm) としました。結果を表 11 に示します。このときの負荷特性曲線を図 17 に描きました。

　この表 11 を見ると、外部抵抗が $R = 5.1\,(\Omega)$ のとき電流は $I = 4.3$ (A) で、また開放状態のときの起電力は $E = 153.0$ (V) を記録しました。とくに、$R = 50\,(\Omega)$ あたりでは、出力電力が $P = 118.6$ (W) となっていることに注意をして下さい。オルタネーター発電機に比べて、確かに出力は大きくなっています。**エネルギー回収率** $c = Pt_0/(mgl)$ も、$R = 10\,(\Omega)$ で $c = 45.6$ (%) を示して、これは決してわるくない結果だとおもいます。しかし、落下時間が断然短く、重りの落下速度は平均して毎秒 30 (cm) 程度です。これでは、運転の開始から終了まですぐに終わってしまいます。現実の問題として、出力を損なわずに運転時間を延ばす方法を考察する必要があります。これについては、次節で述べます。

表 11. エンジン発電機の負荷特性

$R\,(\Omega)$	$t_0\,(\mathrm{s})$	$G\,(\mathrm{r/s})$	$E\,(\mathrm{V})$	$I\,(\mathrm{A})$	$P\,(\mathrm{W})$	K	$c\,(\%)$
5.1	4.5	33.2	22.1	4.3	95.0	3053	37.3
10.3	5.0	29.9	32.8	3.19	104.6	3392	45.6
49.4	3.9	38.3	76.5	1.55	118.6	2646	40.3
103.3	4.5	33.2	106.4	1.03	109.6	3053	43.0
200.0	3.6	41.5	126.0	0.63	79.4	2442	24.9
∞	3.0	49.8	153.0	0	0	2035	0

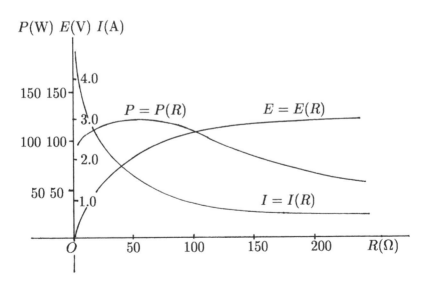

図 17. 負荷特性曲線

6.2 エンジン発電機 2

ただ単に運転時間を延ばすのであれば高さ l を大きくすれば よいのですが、l をきめたとき、運転時間 (落下時間) t_0 と出力 (電力) P を同時に大きくすることはできません。これは**エネルギー保存則**から分かることです。すなわち、重量 m の重りを 高さ l まで持ち上げたときの位置エネルギー $U = mgl$ が、t_0 時間の間にすべて電気エネルギー(電力量) Pt_0 に変換された とすると、$Pt_0 = mgl$ あるいは式 (3.11) が成り立ちます。し たがって、時間 t_0 を延ばせば出力 P は下がるのです。それで も運転時間を長くして、それなりの出力を得たいときは、重量 を増やす以外に方法はありません。

時間 t_0 を大きくするために重量 m を増加させると、$K = (mg/l)t_0$ より K はさらに大きな値となります。この負荷定数 K を大きくするためには、ギアの倍率を上げれば可能となりま す。しかし、このとき発電機に大きな負荷がかかり、うまく回 転するかは与えられたトルクの問題となります。

実際に、ギア比を $k = 100$ にとって、$m = 98$ (kg) で実験を したところ、外部抵抗 $R = 10$ (Ω) のとき、運転時間は $t_0 = 9.8$ (s) で起電力が $E = 16.7$ (V) でした。この実験 (A) と前の実 験 (B) (表 11 を参照) を比較してみます。

表 12　運転時間とトルクの比較

実験	k	m (kg)	t_0 (s)	E (V)	P (W)	G (r/s)	T_G (kg·cm)
(A)	100	98	9.8	16.7	29.7	31.7	6.5
(B)	48	90	5.0	32.8	104.6	29.9	12.5

　確かに、ギア比 k を上げると時間 t_0 は倍増しますが、起電力 E は半減します。このときのそれぞれの回転数 G とトルク T_G を求めてみると、結果は表12のようになります。両者とも回転数はほぼ同じ程度なのに、起電力に大きな差が出てくるのはトルクの違いだと思われます。なお、電流を測定して出力(電力)を比べてみても、それぞれの実験で大きな差が出てきます。実験 (A) では、トルク T_G が (B) に比べて半分であるのに対して、出力 P は約 1/3 に落ちるようです。

　そこで、ギアの倍率を上げたままで、発電機に与えるトルクを大きくすることを考えます。それには、重量を増やすと同時にプーリー径を大きなものに替えます。以下の実験では、ギア比が $k = 100$ で、重量を $m = 106$ (kg)、プーリーの径 $d = 15.3$ (cm)、高さ $l = 130$ (cm) としました。このときの発電機側のトルクは $T_G = 106 \times 15.3/200 = 8.1$ (kg·cm) となります。結果を以下の表13に示します。表11 の場合と比較して下さい。

表13. ギア比 100 倍のときの外部負荷特性

$R\,(\Omega)$	$t_0\,(\mathrm{s})$	$G\,(\mathrm{r/s})$	$E\,(\mathrm{V})$	$I\,(\mathrm{A})$	$P\,(\mathrm{W})$	K	$c\,(\%)$
12.6	9.6	28.2	24.9	1.98	49.3	7671	35.0
24.9	9.0	30.1	35.9	1.45	52.1	7192	34.7
54.7	8.0	33.9	53.6	0.98	52.5	6393	31.1
91.4	7.7	35.2	63.1	0.69	43.5	6153	24.8
200.0	7.9	34.3	86.0	0.43	37.0	6313	21.5

ギア比を倍増すると、負荷定数 K がさらに増大することに注意して下さい。この K で表される機械的負荷と磁界の抗力に対抗する力(トルク)が必要になるのだと思います。出力の大きさは、発電機に与える回転数よりもむしろトルクの大きさが効いているようです。この実験では、出力が平均して約 50 (W)で 10 秒近く続きました。重りの落下速度が毎秒 14 (cm) 程度なので、高さ l さえ大きくすれば、かなりの長時間運転ができると思います。

　これまでの実験と考察により、結論を簡単にまとめるとつぎのように述べることができます。システムを設計する際に、考慮する必要があります。

(1)　運転時間を延ばすには、ギア比を大きくするのがよい。

(2)　出力を増やすには、トルクを大きくするのがよい。

いずれにしても、重りの重量を増やす必要があります。しかし、さらに重量を大きくするには、実験設備上の問題が出てきます。設備は大きな重量に耐え得る構造と、それに対応する周辺の機器が必要となってきます。したがって、装置の規模は大きくなり、小規模の設備でできる実験は、以上で述べたところが限界だと思います。

第III部

7. 将来の展望

　将来、考えられるエネルギー問題は深刻です。地球環境とエネルギー確保のバランスが大事です。今からこれに対して、準備をしておく必要があります。新しい発想が大切となります。再生可能エネルギーについて考えます。

7.1 エネルギー大量貯蔵装置

　風力や太陽光などの再生可能エネルギーの利用を積極的に考えるならば、大量にエネルギー (電力) を貯蔵する装置が必要となります。なぜならば、これらの方法で得られるエネルギーは天候に左右され、供給が不安定となるからです。そのために、これらのエネルギーを電力として大量に溜めておく技術、すなわち蓄電技術が必要となってきます。

　現在知られている主な蓄電方法を紹介します。

(1) 蓄電池 (バッテリー)：一番よく使われている便利な道具として知られています。化学反応のポテンシャルエネルギーを用いたもので、歴史的には古く、その原理は**ボルタの電池**までさかのぼります。しかし、何度も使用するうちに老廃物が溜まり、使用に限界があります。また、製造および廃棄の過程で環境に負荷を与えます。

(2) フライホイール：力学の原理の一つに、外力が加わらなければ物体の**角運動量**は一定に保たれるという法則があります。この性質を利用して、大きな重量の回転体に回転エネルギーの形で電力を蓄える装置を**フライホイール**といいます。これには、回転摩擦を軽減させる工夫が必要となります。

(3) 超電導電力貯蔵：温度が絶対零度近くになると、電気抵抗

がほとんど0になる物質を**超電導物体**といいます。この状況下では、電気抵抗がないためにエネルギー損失がなく、大電流をいつまでも流すことができます。外部からの電力を超電導物体の中で大電流として流しておけば、電力が必要なとき磁気エネルギーとして取り出すことができます。ただし、装置を極低温に保つために別のエネルギーが必要となります。

(4) 水素燃料電池：基本的な考え方は、再生可能エネルギーから得られた電力によって水を電気分解して取り出した水素を貯蔵しておく方法です。水素は燃料電池の燃料となります。これは**水素燃料電池**と呼ばれています。この水素による発電は、効率もよく廃棄されるのは水のみで環境の面からも優れています。次世代のエネルギー源として、現在いろいろと研究されています。ただし、水素を貯蔵する技術上の問題があります。

(5) 揚水発電：夜間の余剰電力によってポンプを回し、水を上部のダムに汲み上げておきます。電力が必要になったとき、普通の水力発電として電力を得ます。これは昔からやられている方法で**揚水発電**といい、環境に優しい蓄電方法といえます。大量にエネルギーを溜めることはできるのですが、ダムが必要となります。

　ここで述べた蓄電システムのうち、現在のところ実用化されているものは蓄電池と揚水発電のみです。水素電池は将来的に有望視されていますが、まだ実用化の段階になっていません。超電導蓄電とフライホイールは現在、研究開発中です。環境にもよく、大規模蓄電として最も適している方法は揚水発電なのですが、残念ながらダムをつくるには地形的制約があり、これ以上建設するのは無理と思われます。とくに、山地のない地方や国々ではダムは不可能となります。

揚水発電は、水に働く重力のポテンシャルエネルギーを利用したもので、もし水の代わりに重りを用い、余剰電力にかわって再生可能エネルギー発電された電力を使えば、これでダムの必要のないクリーンな蓄電装置ができます。これは、いわば**平地でできる**揚水発電というべきものです。

7.2 プラント構想

　前節で述べた大量蓄電装置を実現するために、考えられるシステムについて説明します。高いタワーの中に重りをワイヤーで吊るし、それが上下できるような構造体をつくります。タワーの上部には電動機兼用の発電機を設置し、外部電源で重りを上に持ち上げる装置とします(図1参照)。これを基本構造として、**タワーユニット**と名付けます。重りに十分密度の高い物質を使えば、この構造体一基の占める面積は少なくてすみます。例えば、重りに鉛を用いれば、ユニット一基の底面は$2 \times 2\,(\mathrm{m}^2)$もあれば十分となります。参考のために主な物質の密度を、水を1とした場合と鉄を1とした場合について、表14に挙げておきます。これによると、鉛$1\,(\mathrm{m}^3)$の重量は約11.3 (ton)になります。重りに金属を使うと高価になりますが、消耗品ではないので初期投資の問題となります。

　タワーユニットは二つの機能を持っています。一つは、外部からの電力で重りを持ち上げ、電力を位置エネルギーとして溜めておくことで、これは充電に当たります。もう一つの機能は放電で、上部にある重りを落下させてその発電により再び電力として供給することです。したがって、ユニット一基で蓄電装置としての機能は持っています。しかし、一基では容量が小さいこともあって、実際には複数個のユニットを束にして装備す

表14. 物質密度の比較

水 H_2O	1 (g/cm^3)	0.13	1 (ton)の体積
鉄　Fe	7.9	1 (g/cm^3)	50.2^3 (cm^3)
銅　Cu	8.95	1.13	48.2^3
鉛　Pb	11.3	1.43	44.5^3
水銀　Hg	13.6	1.72	41.9^3
金　Au	19.3	2.44	37.3^3
白金　Pt	21.4	2.71	36.0^3

る必要があります。このようにすることによって得られる利点はたくさんあります。

　このタワーユニット一基分の占める面積は小さいので、大きな建物さえ用意すれば、たくさんのユニットを格納することができます。例えば、100 × 100 (m^2) 程度の建屋ならば、その中に数千基のユニットを収納できます。建物を半地下にすれば、かなり高いタワーも収めることができます。これによって、ユニット一基分の容量は小さくても、建物全体での容量は大きくなります。さらに、各ユニットからの出力を組み合わせることによって、出力調整もできます。すなわち、ユニットのいくつかを同時に並列運転することにより、その出力は倍加されます。また、各ユニットを次々にリレー式に運転させれば、運転時間を延ばすこともできます。したがって、このタワーユニット方式は、その複数本が合わさって機能させるという考え方であって、単独一本では意味がなくなります (図18参照)。

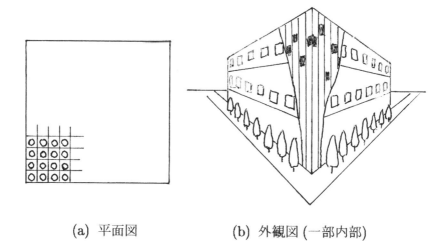

(a) 平面図　　　　　　(b) 外観図 (一部内部)

図 18　タワーユニット方式

　この蓄電システムの稼働方法については、つぎの通りです。

(1)　充電部分：　条件のよいときに風力または太陽光で生成され
　　た電力によって、このユニット数千本(またはその一部)の重
　　りを上部に持ち上げておきます。これによって、自然エネル
　　ギーによる電力を位置エネルギーとして蓄えられます。

(2)　放電部分：　電力が必要になったとき、ユニットに蓄えられ
　　た位置エネルギーを解放して電力にして供給します。これは
　　重力による発電によります。

以上の蓄電および稼働方法は全く揚水発電と同じです。原理的
には、クリーンで多量の電力を貯蔵する方法ですが、家庭用に
はなりません。

　つぎに、この蓄電システムの容量および出力試算をしてみま
す。設備を考え得る可能な規模にして、高さを $l = 100$ (m)、
重量 $m = 10$ (ton) として計算します。このとき、ユニット一
基分に蓄えられる位置エネルギーは、

$$U = mgl = 10^4 \times 9.8 \times 100 = 9.8 \times 10^6 \quad (J)$$

となります。これを $t_0 = 30$ (分) かけて落下させたとき、途中
でのエネルギー損失がないと仮定して、放出される電気エネル
ギー(電力)は

$$P = \frac{mgl}{t_0} = \frac{9.8 \times 10^6}{30 \times 60} = 5.44 \quad (kW)$$

になります。この装置を一つのユニットとして、縦横 100 基づ
つ 10^4 基を並べて一つの建物に収めます。すると、このシステ
ムで約 5 万 (kW) の電力が蓄えられます。この建物を数ヵ所に

分けて設置したものを、一つのプラントと考えれば、これは揚水発電におけるダム一個分に相当します。

　この試算では、エネルギーの損失を考慮していませんが、実際のエネルギー効率としては、この 50 % 程度が得られればよいと思います。これは将来の技術的な課題として残されます。その他、この構想を実現するには解決すべき多くの問題があります。しかしながら、人間の今後 50 年、100 年後を考えたとき、深刻な環境およびエネルギー問題に直面するときが来ると思います。そのためにも今からその対応策としての大規模蓄電の研究をやっておく必要があります。

7.3 揚水発電との比較

　この重力蓄電システムと揚水発電の両者を、出力を含めて利点と欠点について比較してみます。以下の議論ではエネルギー損失は考慮しないことにします。また、重りは鉄を使用することにします。鉄は鉛に比べて廉価で手に入れやすく、密度も鉛の 70 % であり、鉄 1 (m³) の重さは 7.9 (ton) にもなります。

　ユニット一基についての諸元を、つぎのように設定します。タワーの高さを $l = 100$ (m) とし、鉄の重りを 3 (m³) (高さ 3 (m) まで積む) とします。すると重りの重量は $m = 7.9 \times 3 = 23.7$ (ton) となります。これとは別に、土地面積 100 (m) × 100 (m) の建物を用意します。この建物は半地下がよいと思います。

　以上を基にして、エネルギー計算を行います。MKS 単位系で電力 W は W = J/s とかけ、これは仕事率であり瞬間出力を表します。一方、電力量 Ws = J はエネルギーの量であって、総出力を意味します。ここで、つぎの換算式に注意をします。

$$(7.1) \qquad 1 \text{ (kWh)} = 3.6 \times 10^6 \text{ (J)}$$

これは、つぎのようにして得られます。$1 \text{ (kWh)} = 10^3 \text{ (W)} \times 1 \text{ (h)} = 10^3 \text{ (J/s)} \times 3600 \text{ (s)} = 3.6 \times 10^6 \text{ (J)}$ となります。

そこで、ユニット一基について、蓄えられる位置エネルギーは

$$(7.2) \quad U = mgl = 23.7 \times 10^3 \times 9.8 \times 100 = 2.32 \times 10^7 \text{ (J)}$$

となります。これを 30 分かけて落下させると、$P = mgl/t_0 = 2.32 \times 10^7/1800 = 12.9 \text{ (kW)}$ の電力が生成されます。一方、60 分かけて落下させると $P = 6.44 \text{ (kW)}$ の電力が得られます。これらのユニットを $100\,\text{(m)} \times 100\,\text{(m)}$ の建物の中に収納します。一基の底面を $2\text{(m)} \times 2\text{(m)}$ として、$50 \times 50 \text{ (基)} = 2500$ (基) では**瞬間出力**がつぎのようになります。

$$12.9 \times 2500 = 32250 \text{ (kW)} = 32.3 \text{ (MW)} \quad (30 分計算)$$
$$6.44 \times 2500 = 16100 \text{ (kW)} = 16.1 \text{ (MW)} \quad (60 分計算)$$

一方、**総出力**は、いずれの場合も

$$(7.3) \quad 32.3 \times 10^6 \times 1800 = 16.1 \times 10^6 \times 3600 = 5.8 \times 10^{10} \text{ (J)}$$

あるいは、換算式 (7.1) を用いて $5.8 \times 10^{10}/(3.6 \times 10^6) = 16$ (MWh) となります。もし、この規模の建屋を 10 棟設置して一つのプラントとすると、総出力は 160 (MWh) となります。

揚水発電について、つぎのように**出力密度**を定義します。

$$(7.4) \qquad 出力密度 = 定格出力 / ダムの面積$$

これは一定の土地に対する蓄電能力を、揚水発電と重力蓄電の両者を比較するための指標になります。

典型的な揚水発電所である大河内発電所 (兵庫県) について、この値を調べてみます。この発電所は太田ダムを使用し、その湛水面積は 64 ha (流域面積 1.64 km^2) といわれています。総出力は 128 万 W = 1280 MW なので、この場合の出力密度は 1280 MW / 64 ha = 20 MW / ha となります。一方、重力蓄電では 1 (ha) = 100 (m) × 100 (m) の建物あたり 16 (MWh) になります。すなわち、1 ha あたりの出力 (蓄電能力) は、揚水発電 20 MW、重力蓄電 16 MW でこれらは近い値となります。

　結論として、もし重力蓄電でダムと同程度の面積に建物を設置してプラント化をすれば、これは揚水発電による蓄電能力とほとんど変わらなくなります。すなわち、平地でもダムなみの土地さえ確保できれば、揚水発電と同程度の大規模蓄電が可能となります。これが環境に優しい大規模蓄電システムの構想です。

7.4　地球環境のために

　最近の異常気象は世界的なものになっています。この直接の原因は、赤道付近の海水温の上昇によるものと思われますが、これによって夏の異常高温や台風の大型化、雨の異常な降り方などは説明できます。これは地球全体の問題であって、熱の収支バランスが不安定になっているのだと思います。そして、これが **地球温暖化** を引き起こす原因になっていると考えられます。

　地球はつねに太陽からの放射熱を受けています。また、人間活動による **廃熱** などは、太陽熱と共にそのほとんどを宇宙空間に放熱されていきます。この放熱の仕組みが狂いだすと、地球に残された熱は海水に吸収されるしかありません。この放熱を阻害するものとして考えられるのが、地球に **温室効果** をもたら

す炭素系の廃棄ガスです。とりわけ、**化石燃料**(石炭、石油、天然ガスなど) は大気を汚染させる原因となります。

　しかしながら、我々の文明は産業革命以来これらのエネルギーに頼って成り立ってきたことも事実です。人間が生存していくにはエネルギーが必要です。そのエネルギー源をどこに求めるかが問題なのです。もしそれを地球の外に求めるならば、**太陽エネルギー**をもっと積極的に活用すべきでしょう。実は風力も水力ももちろん太陽光も、これらから得られるエネルギーの元は太陽なのです。これは現在**再生可能エネルギー**として注目されていますが、その扱い方や採算の理由で補完的な役割しか与えられていないのはなぜなのでしょう。

　再生可能エネルギーが普及しない理由の一つに、天候による供給の不安定さがあります。したがって、このエネルギーを安定的に利用するには**大量蓄電装置**が必要になってくるのです。これからは、エネルギーは溜めて使う時代になってくると思われます。そして、蓄電方法にも使い分けが大切になってくることでしょう。例えば、携帯用あるいは小規模蓄電には蓄電池を、また車には燃料電池を、大規模に蓄電するには揚水発電や重力蓄電などが考えられます。これからの時代は、発電方法と同程度に蓄電方法が重要になってくると思われます。将来は、地球環境の立場から、エネルギーの使い放題の時代ではなくなってくるかも知れません。

　地球温暖化に関連して、将来のエネルギー事情に対する不安は世界共通です。この問題に関する研究もいろいろ為されているようですが、大きな考え方は再生可能エネルギーを大規模蓄電によって賄っていくという方向になってきているようです。

今後、環境を考えた大量エネルギー貯蔵技術の研究・開発が盛んになっていくことを期待しています。

写真5．風力発電（銚子）

写真6．風力発電（波崎）

付録 A. 家庭用重力蓄電

　この重力蓄電装置は家庭用としては考えていないのですが、もし家庭用とするならばどの程度の規模になるかを算出してみます。そこで、一つの家庭で一日あたりの電力使用量を 5 kWh とすると、エネルギー換算式 (7.1) を用いて、これは 5 kWh = 1.8×10^7 (J/day) となります。

　これを太陽光発電によって賄うとしたら、必要となる重力蓄電装置の規模はつぎのようになります。まず、3 (m 立方) の鉄の重りを用意して、これで重量は $7.9 \times 3^3 = 213.3$ (ton) となります。つぎに、位置エネルギーが一日の電力使用量に見合う分に必要な高さ h を求めます。

$$mgh = 213.3 \times 10^3 \times 9.8\,h = 1.8 \times 10^7 \text{ より } \quad h = 8.6 \text{ (m)}$$

すなわち、3 (m 立方) の鉄の重りを 8.6 (m) の高さになるまで、太陽光発電によって持ち上げておけば、一日分はじゅうぶん賄えます。

　この大きさの装置であれば、物置き 1 棟分に収納できます。もちろん、半地下にするとよいと思います。ただし、効率やエネルギー損失の問題もあり、上で述べた計算は理想的状態であることに注意して下さい。

付録 B. 単位系

　運動の法則によれば、質量(質点)に力が作用すると加速度が
生じます。すなわち、質点に働いた力を F、加速度を a とすれ
ば、この法則は

(1)
$$F = ma$$

と記述されます。このときの比例定数 m を、この質点の**質量**と
いいます。

1. 質量と力の単位：　質量の単位として、キログラム原器の質
量を $1\,(\mathrm{kg})$ とした単位系を**絶対単位系**といい、とくに長さの単
位として (m)、時間の単位として秒 (s) を採用したものをMKS
絶対単位系と呼びます。この単位系では、質量 $1\,(\mathrm{kg})$ の質点に
$1\,(\mathrm{m/s^2})$ の加速度を生じさせる力を $1\,(\mathrm{N})$ とかきます。すなわ
ち、$1\,(\mathrm{N}) = 1\,(\mathrm{kg \cdot m/s^2})$ となります。

　これに対して、質量 $1\,(\mathrm{kg})$ の物体に働く重力(重量)を力の単
位として $1\,(\mathrm{kg\,重})$ とかきます。これを**重力単位系**といいます。
したがって、絶対単位系で $1\,(\mathrm{kg})$ の物体に働く重力(重量) W
は、式 (1) より、

(2)　$W = 1\,(\mathrm{kg}) \times 9.8\,(\mathrm{m/s^2}) = 9.8\,(\mathrm{kg \cdot m/s^2}) = 9.8\,(\mathrm{N})$

となります。逆に、重量が $1\,(\mathrm{kg\,重})$ の物体の質量は

$$m = \frac{W}{g} = \frac{1}{9.8}\,(\mathrm{kg\,重}/(\mathrm{m/s^2})) = 1\,(\mathrm{N \cdot s^2/m}) = 1\,(\mathrm{kg})$$

とかけます。**質量**とその重量(重さ)は区別すべきですが、重力
単位系ではそれらの数値は一致します。

2. 仕事 (エネルギー) の単位： 質点が力 F によって、その力の方向に距離 s だけ移動したとき、力はその質点に対して Fs の **仕事** をしたといいます。これは、質点の質量に無関係にきめられる概念です。仕事の単位として絶対単位系では、質点に 1 (N) の力が作用して 1 (m) の変位をしたとき、なされた仕事を 1 (J) とかきます。すなわち、1 (Nm) = 1 (J) となります。これが重力単位系では、1 (kg重) の力で 1 (m) 移動したときの仕事はつぎのようになります。

(3) $1 \, (\mathrm{kg\,重\cdot m}) = 9.8 \, (\mathrm{Nm}) = 9.8 \, (\mathrm{J})$

この単位の関係は注意を要します。

　エネルギーは、 2種類のエネルギーに分けて考えられます。一つは、質量 m の物体が速度 v で運動しているとき、その質点は $T = (1/2)mv^2$ の **運動エネルギー** をもつといわれます。一方、**ポテンシャルエネルギー** は、その質点がこれから仕事をなし得る能力といってよい量です。いずれにしても、エネルギーは仕事で測られるので、その単位は仕事と同じものになります。ポテンシャルエネルギーは **位置エネルギー** ともいわれ、これを U とかいて、これらのエネルギーの総和

(4) $E = T + U$

を考えると、この量は一定となります。これは **エネルギー保存則** と呼ばれます。

3. 仕事率： 単位時間あたりに為される仕事の量を **仕事率** といいます。絶対単位系で、1 (s) の間に 1 (J) の仕事をするときの仕事率を 1 (W) ときめます。これを重力単位系でかけば、

$$1 \, (\text{W}) = 1 \, (\text{J/s}) = \frac{1}{9.8} \, (\text{kg}\,\text{重}\cdot\text{m/s})$$

となります。また、これは電力の単位として使われているものと同じ単位にもなっています。すなわち、$R(\Omega)$ の抵抗を $I(\text{A})$ の電流が流れたとき、端子電圧を $V(\text{V})$ とすれば、この電流のした仕事率 (電力) P は

(5)
$$P = RI^2 = VI = \frac{V^2}{R} \, (\text{W})$$

で表されます。電気と力学の単位を、このように合わせたものが単位系なのです。

あとがき

　私がこの研究を始めてから数年経過しますが、このテーマの置かれている環境が、初期の頃に比べてかなり変化してきていることを感じます。とくに、世界では多くの人が興味を持っているようで、私のホームページには世界中からアクセスがあります。さらに、我々と同じ目的で重力を利用した蓄電方法を研究しているところも出て来ています。

　一方、国内では大気汚染とか再生可能エネルギーを話題としたものは以前からありましたが、最近の書籍売り場を見るかぎり、自然エネルギーと電力の大規模貯蔵の書物が目立つようになりました。しかし、地球温暖化とか地球環境に関する書物があまり見当たらないのはなぜでしょうか？

　本書がこの方面への関心を喚起する意味で、多少の役に立つことを祈っています。

2020 年 9 月

【索　引】

【参考書】

1. 葉玉 泉『発電機ガイドブック』パワー社、2003 年
2. 吉川、垣本、八尾『発電工学（電気学会)』オーム社、2006 年
3. 太田健一郎『再生可能エネルギーと大規模電力貯蔵』
   日刊工業新聞社、2012 年
4. 西方正司『環境とエネルギー』数理工学社、2013 年
5. 新田目倖造『太陽光・風力発電の安定供給対策』
   電気書院、2019 年

◎著者略歴

武笠敏夫（むかさ としお）

　1941 年東京に生まれる
　　都立蔵前工業高等学校（電気科）
　　早稲田大学理工学部（数学科）
　　同大学院（応用物理学科）修士課程修了
　2006 年日本大学文理学部教授を退職
　　専門は、偏微分方程式論、応用解析学、数理物理学
　2013 年重力再生エネルギー研究所を設立

重力を利用した蓄電装置

2020 年 12 月 10 日　初版第 1 刷発行

著　者：　武笠敏夫（重力再生エネルギー研究所）
発行人：　松田健二
発行所：　株式会社 社会評論社
　　　　　東京都文京区本郷 2-3-10
　　　　　電話：03-3814-3861　Fax：03-3818-2808
　　　　　http://www.shahyo.com
装丁・組版：Luna エディット .LLC
印刷・製本：倉敷印刷 株式会社